化石が語る生命の歴史

8つの化石 進化の謎を解く［中生代］

ドナルド・R・プロセロ［著］
江口あとか［訳］

築地書館

本書は、“*The Story of Life in 25 Fossils*”を３分冊したうちの、
chapter12〜19にあたります。

目次

第8章 哺乳類の起源・トリナクソドン

哺乳類とはちょっと違う生物……174

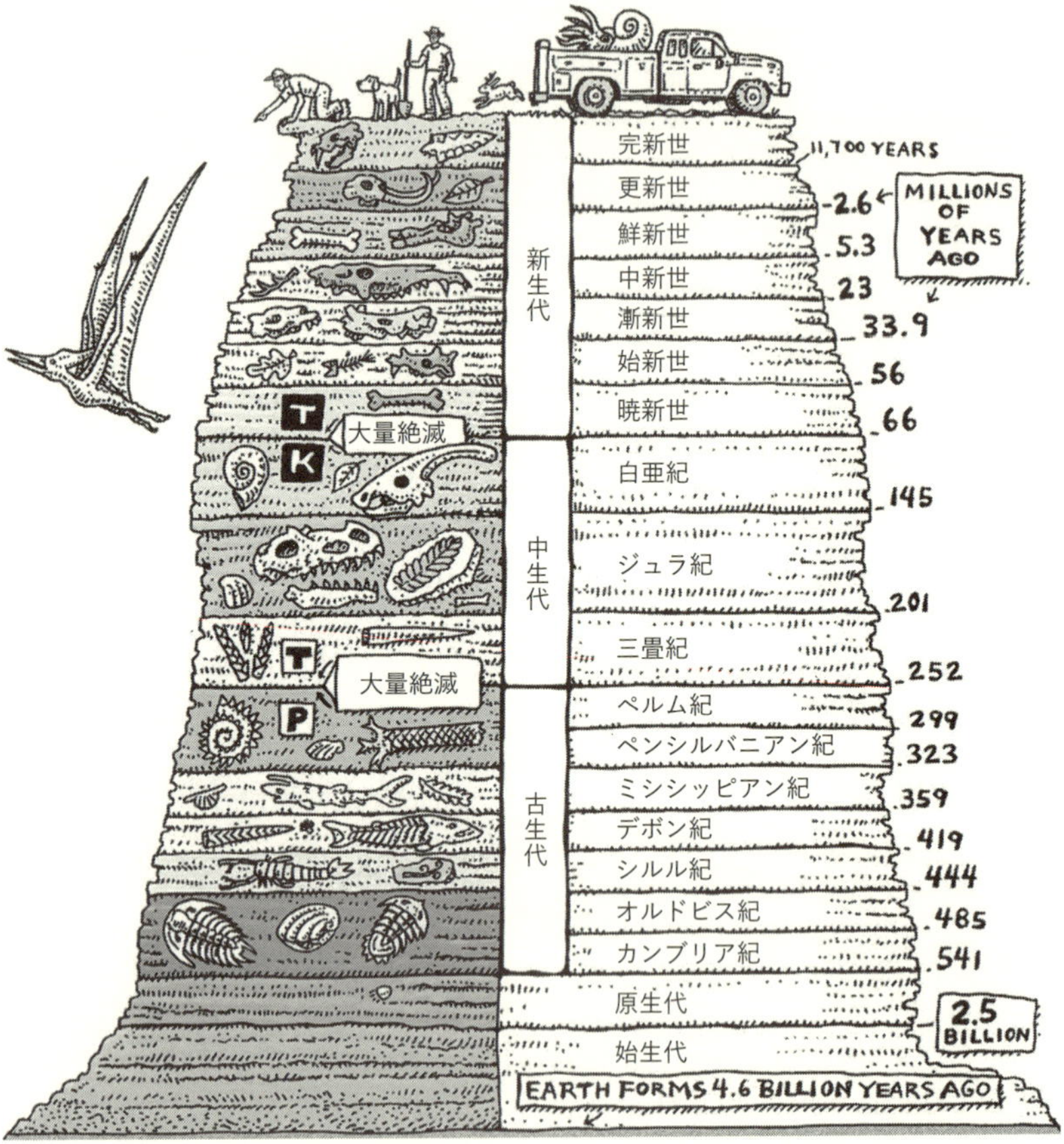

＊P–T境界（ペルム紀と三畳紀の境目）には地球史上最大の大量絶滅が起こり、すべての生物種の90%以上が絶滅したと考えられている。このとき、三葉虫も姿を消した。

＊K–T境界（白亜紀と新生代の境目）に起こった大量絶滅では、すべての生物種の約70%が絶滅したと考えられている。このとき、現生鳥類につながる種をのぞいた恐竜やアンモナイトなどが姿を消した。

第1章
カメの起源・オドントケリス
甲羅が半分のカメ

カメを見よ。首を外に出したときにだけ前進するのだ。

――ジェイムス・ブライアント・コナント

下までずっとカメ

宇宙論と太陽系の構造に関する講義の後、ウィリアム・ジェームズのところに小さなお婆さんがやって来た。「太陽系の中心は太陽で、地球はそのまわりを回る球だというあなたの説はなかなかいい線をいっていますよ、ジェームズさん。でも、まちがっています。わたしの説のほうがいいですよ」と言うのだ。

ジェームズは「マダム、どういう説をお持ちなのでしょうか」と丁寧に聞いた。「わたしたちは一匹の巨大なカメの背中に乗った地殻の上に住んでいるのです」とお婆さんは答えた。ありとあらゆる科学的根拠を並べたてて、このばかげた小さな説を台無しにするのも気の毒なので、相手が自分の説の欠点に気づくよう、やさしく説得することにした。そして、「マダム、もしあなたの説が正しいとすれば、そのカメはどこに立っているのでしょうか」と尋ねた。

「ジェームズさん、あなたはとても賢いお方ね。それはよい質問です」とお婆さんは答えて、こう続けた。「でも、その答えはわかっています。それはこういうことです。最初のカメは二番目の、さらに大きなカメの上に立っているのです。そのカメは最初のカメの真下に立っているのですよ」

「では、その二番目のカメはどこに立っているのでしょうか」とジェームズは忍耐強く聞いた。その言葉にお婆さんは誇らしげに声を上げた。「ジェームズさん、そんなこと聞いてもむだですよ。下までずっとカメなのですから」

この話にはいろいろなバージョンがある。哲学者のバートランド・ラッセルによるものだとか、哲学者で心理学者のウィリアム・ジェームズ、作家のヘンリー・デイヴィッド・ソロー、有名な懐疑論者のジョセフ・バーカー、哲学者のデイヴィッド・ヒューム、またはトマス・ヘンリー・ハクスリー、アーサー・エディントン、ライナス・ポーリング、カール・セーガンなどの科学者のものもある。どれも、世界は巨大なカメの背中に支えられているというヒンドゥーの伝説に立ち返る。一九二七年に行われた講義で、バートランド・ラッセルはこう述べている。

もしすべてに原因がなければならないのなら、神にも原因があるはずだ。もし何かが原因もなく存在することができるのなら、神のように、世界もそうであってよいはずであり、その議論に妥当性はありえない。それはヒンドゥーの見方とまったく同じ性質のもので、それによると、世界は一匹のゾウの上に乗っており、そのゾウは一匹のカメの上に乗っているという。「ではカメはどうなのか」と尋ねたら、そのインド人は「話題を変えましょう」と言った。

こうした話はすべて無限後退の問題（「下までずっとカメ」）と関係しており、一番下のカメを支えているものが何なのかという説明をしていない。この第一原因に関する議論は何世紀も続いてきた。だが、この話は別の問題の暗喩でもある――カメの化石記録を過去にさかのぼっていったら、最初にはどんな生物がいたのだろうか。完全にカメではないが、ほかのあらゆる生物よりもカメに一番近い、移行的な動物とはどのような生物だったのだろうか。どうやってある生物が「半分カメ」でありえるのだろうか。

これは、天地創造説支持者が化石記録をゆがめようとするときのお決まりのあざけりだ。例えば、彼らは化石カメ類の多くを指して、カメとほかの爬虫類を結びつける形態ではなく、「ただのカメだ」とか「すべてカメ類の範囲内だ」と主張する。最初期のカメが、後のカメには見られない非常に原始的な特徴を持つという構造的特徴を示されても、「カメにすぎない」と言う。彼らは「半分カメ」の特徴を持つ生物を想像することができないのだ。多くのカメは体を守るために上の甲羅（背甲）と下の甲羅（腹甲）の両方が必要なのに、「半分の甲羅」だけを持つ化石などありえるのだろうか。

幸いなことに、長い年月をかけて、二〇〇八年の驚くべき発見を頂点として、一般的な爬虫類と真のカメの間の、ほとんどの段階を示す標本を含む豊富な化石記録が得られている。

移行的なカメ

カメの山の底にたどり着く前に、その進化史を見てみよう。どれもこれも同じに見えるという人が多いかもしれないが、カメには四五五属、一二〇〇種以上の種類がある。人間による密猟や生息地の破壊、ペット用の取引などによって、その多くが絶滅の危機に瀕している。体に非常に特殊化した装

▲**図 1.1**　潜頸類（上）は首を垂直方向にS字に曲げて、頭部を甲羅に完全に収納する。曲頸類（下）は首を横向きに折りたたみ、甲羅の前側の縁の真下に押しこむ

甲を持つという制約の範囲内で、海生から淡水生、そして陸生まで、幅広い生活スタイルに完全に適応してきた。

すべての現生カメ類には、まったく異なる二つのグループがある。

おなじみの池にすむカメやウミガメ、そしてリクガメは潜頸《せんけい》類のメンバーだ。潜頸亜目には二五〇種以上が含まれている。

甲羅の中に頭を引っこめるときに、垂直方向に頸部の椎骨を湾曲させ、背甲の前側の縁の真下にしまうため、すぐに見わけがつく（図1・1）。外から見ると、あたかも頭を真っ直ぐ甲羅の中心に向かって引っこめたかのように見える。

また、アメリカ自然史博物館のユージーン・ガフニーがつい最近発見したように、この独特の頭の動きに加え、すべての潜頸類は頭や顎の筋肉も特殊化している。

二番目のグループは曲頸類《きょくけい》だ。曲頸類は甲羅に頭をひっこめる際に、首を水平方向に横向きに折りたたみ、頭と頸上部を甲羅の前側の縁の真下に押しこむ（図1・1）。曲頸類は非常に特殊化した特徴的なグループで、およそ一七属、約八〇種しかいない。そのほとんどは南にあった太古のゴンドワナ大陸の名残の地域で見られる（特にアフリカ、オーストラリア、南アメリカ）。曲頸類の化石記録は潜頸類のように多くはないが、白亜紀と新生代の初期には、ゴンドワナと北にあったローラシア大陸の両方に多様に広がっていたことがわかっており、曲頸類の生息が現在は南半球の大陸に限られているのは、より最近になって多様性が減少した結果である。

曲頸類にはじつに奇妙な種類もいる。例えばマタマタは非常に風変わりな外観を持っている（図1・2）。マタマタは南アメリカのアマゾン川水系やオリノコ川水系の川や池の底に生息する。甲羅には凸凹があり、擬態の役割を果たしている。鼻孔がのびて、長いシュノーケルのようになっており、先端だけを水面につき出した状態で水中で待ち伏せすることができる。魚やほかの小さな獲物が近づいてくると、突然大きな口を開けて、巨大な喉を広げ、瞬間的に獲物を吸いこんでしまうのだ。顎が非常に退化し、噛むことができないため、強い首の筋肉を使って、口と喉から過剰な水を絞り出した後は、獲物を丸のみしなければならない。

▲**図 1.2**　現生の曲頸類マタマタ
退化した歯のない顎、幅の広い口、平らな頭部を持つ。獲物に噛みつかずに、口を大きく開け、幅のある喉の空間を広げることによって吸いこむ

エクアドルの西のガラパゴス諸島や、インド洋のアルダブラ群島などの孤立した島々にはゾウガメが生息しているものの、多くの化石カメ類は比較的小さく、現生カメ類とほぼ同じ大きさの範囲内におさまる。最大の現生カメはウミガメで、海中で生活しているため、水の浮力で巨大な体が支えられている。なかでもオサガメがもっとも大きい（全爬虫類中でも四番目に大きい）。大きな個体は二・二メートルに達し、最大で七〇〇キログラムもある。骨質の甲羅はほとんど退化し、背中の骨格を覆っているのは厚く丈夫な皮だけなので、英語ではleatherback sea turtle（背中が皮のウミガメ）と呼ばれる。オサガメの皮膚は十分に厚く、ほとんどの捕食者をかわすことができるため（また、成体のオサガメを捕食する動物は非常に少ない）、甲羅などの骨質の装甲を失うことで、密度が高すぎて急激に沈むことからまぬかれている。

だが、地質学的な時間スケールでいうところの過去にはモンスターのようなカメも存在していた。最大のものは海生カメのアーケロン（ギリシャ語で「カメの王」の意）で、現在のカンザス州西部に存在した浅い内海を、首長竜や魚竜やモササウルスなどの海生爬虫類とともに泳いでいた（図1・3）。最大の標本は四メートルを超え、前脚の先からもう片方の先まで約五メートルある。体重は二二〇〇キログラム以上あった。多くのウミガメのように、アーケロンの背中には骨の枠組みだけがあり、腹側には四枚のギザギザした板がある。現生のオサガメのように、おそらくおもに厚い皮膚で覆われていたのだろう。

▲図 1.3　アーケロンのもっとも完全な骨格
カンザス州に広がっていた白亜紀の海に生息していた巨大なカメ

一方、絶滅した巨大な陸生カメはアーケロンほどは大きく育つことはできなかったが、それでもそれらの前では現生のゾウガメでさえ小さく見える。最大級の一つコロッソケリスは長さも幅も二・七メートル以上、重さは一トンかそれ以上あった。一八四〇年代にパキスタンで化石が発見された後、ヨーロッパからインドやインドネシアまで、さまざまな場所で見つかっている。その年代は一〇〇〇万〜一万年前（最終氷期の終わり）と推定されている。その姿はガラパゴスゾウガメの巨大版だったのだろう。

さらに大きいのは約六〇〇〇万年前のコロンビアの沼地の堆積物から発見されたカルボネミスだ。実際にスマート社の車のような大きさで、一・七メートル以上あり、ワニ類を含め、遭遇した生物ならほぼ何でも食べられたようだ。同じ地層から見つかったティタノボア（第2章）という約一五メートルの史上最大のヘビをのぞけば、暁新世では最大級の生物だった。ほとんどの南アメリカのカメと同様にカルボネミスは、南アメリカによく見られるヨコクビガメという曲頸類のグループに属していた。

そして、最大の陸生カメはいみじくもスチュペンデミス（驚くべきカメの意）と名づけられた南アメリカのモンスターで、約六〇〇万〜五〇〇万年前のものと推定されるベネズエラのウルマコ累層の沼地の地層から発見され、ブラジルでも見つかっている（図1・4）。カルボネミスのように、曲頸類のヨコクビガメと呼ばれるグループに属していた。現生のオオヨコクビガメに一番よく似ているが、

▲**図 1.4**　姫路科学館に展示されているスチュペンデミスの甲羅

はるかに大きい。名前が示す通り、きわめて大型のカメだ——その甲羅は長さが三・三メートル以上、幅は一・八メートルを超えていた。

このような極端な例からは、カメ類が進化して非常に多様になったことがうかがわれる。次にわいてくる疑問はこうだ——現生の潜頸類と曲頸類のメンバーよりも「カメの山」で下に位置する、つまりより原始的なカメとはいったいどのような生物だったのか。

最初の陸生カメ

知られているなかで最古の陸生カメで、二〇〇八年までは最古のカメでもあったのがプロガノケリスだ。プロガノケリスはあまり大きくはないが（約一メートルしかない）、カメ類としてはきわめて原始的なメンバーで（図1・5）、潜頸亜目と曲頸亜目のどちらよりも原始的である。首が長く、武装用の棘で覆われており、そのため甲羅の中に引っこめることができなかった。いくつかの完全な骨格やほぼ完全な骨格が発見されており、最初は二億一〇〇〇万年前のものと推定されるドイツの上部三畳系の地層から見つかり、後にグリーンランドとタイでも発見された。

解剖学や動物学を知らない人にはプロガノケリスはただのカメにしか見えない。だが、詳しく見て

▲**図 1.5**　最初期の陸生カメ、プロガノケリス
A：化石の標本と甲羅
B：生きている姿の復元

みると、それに続くカメとはいかに異なっていたかがわかる。甲羅はあるが、後の化石カメ類や現生カメ類よりも、背甲の板がはるかに多く、特に甲羅の縁に脚を守るように板が多くある。長い尾は硬いとがった鞘で覆われており、先端に骨塊がある。プロガノケリスは初期の恐竜とともに生きていたので、多くの大型捕食者と戦わねばならなかった。頭骨は現生カメ類のものよりも原始的な爬虫類のものに似ている。現生カメ類と同じく、嘴《くちばし》を持っていたが、まだ口蓋部に歯があり、どのような歯であれ歯を持つ最後のカメだった。嘴と歯を持つことから、プロガノケリスは雑食性で、生きた獲物と植物の両方を食べていたと推測される。首を収納することができなかったため、潜頸類や曲頸類のようには、装甲を持つ大きな頭の安全を確保するために甲羅の下に引っこめることはできなかった。

というわけでわたしたちは最古の陸生カメにたどり着いた。プロガノケリスは明らかに甲羅を持つカメだ――ほかのほとんどの特徴はただの原始的な爬虫類で、後続のカメ類とはまったく異なってはいるが。ずいぶん長い間、天地創造説支持者はプロガノケリスを「ただのカメ」だとして取り合わず、甲羅のないカメなど想像できないと言ってきた。だが、二〇〇八年に、ようやくカメ類の起源に関する謎が解き明かされた。

甲羅が半分しかない！

数十年間、中国の古生物学者たちは、貴州省（中国の中南部で、香港の北西、ベトナムとの国境から一省分北に位置する）の新普という村の近くにある非常に重要な化石の産地、関嶺生物群の調査に取り組んでいた。法郎累層のワヤオ部層の黒色頁岩は、後期三畳紀（約二億二〇〇〇万年前）にナンパンジャン海盆に堆積したものだ。この盆地は三面を高地に囲まれていたが、湾が南西に向かって開いていていた。つまり、かつて地中海からインドネシアまで続いていた太古のテチス海に続く水域に開いていたのだ。黒色頁岩は、深くよどんだ水域で形成される典型的な堆積物で、腐食性の動物にあさられたり、腐敗したりすることが非常に少ないため、含まれている化石の保存状態が驚くほどよい。水深が深く、酸素濃度が低かったが、化石化した流木や陸生動物が存在することから、陸地からはそう遠くはなかったと考えられる。おそらくこうした生物の一部は、この海の縁かナンパンジャン海盆に流れこむ三角州のあたりを泳いでいたのだろう。

長年にわたり関嶺生物群は、後期三畳紀の海の変化を記録する海生爬虫類や海生無脊椎動物（特にアンモナイトやウミユリ）のすばらしい化石を産出してきた。最大で一〇メートルの魚竜のほぼ完全な骨格や板歯《ばんし》類という軟体動物を食べる爬虫類、タラットサウルス類という海生爬虫類などだ。かつては、化石群から命名された属が一七あったが、最近の研究によってそのリストは八つの属と種に減っている。

そうした新しく発見されたさまざまな海生爬虫類の種に加え、中国の科学者らは非常に興味深い化石の一群を発見し、二〇〇八年に論文を発表した。一つの完全な骨格と多数の部分的な骨格にもとづいて、その生物は「甲羅が半分で歯があるカメ」を意味するオドントケリス・セミテスタケアと命名された。カメとそのほかの爬虫類の中間に位置する、これよりもすばらしい移行化石は望めないだろう（図1・6）。「カメはどうやって甲羅がない状態から完全な甲羅がある状態へと進化できたのか」という謎に答えを与えてくれるものなのだ。腹側には完全な骨質の甲羅（腹甲）があるが、背側には頑丈な肋骨があるだけで、なんと甲羅（背甲）がまったくない。言い換えれば、「甲羅なし」から「完全な甲羅あり」への移行は、腹甲が先に形成され、背甲が先ではなかったということなのである。オドントケリスは真の「甲羅が半分のカメ」なのだ。

この注目に値する特徴に加えて、オドントケリスには興味をそそられる特徴がもう一つあった。それは、顎の縁に歯がしっかり一列あることだ。後続のすべてのカメのように歯がない嘴ではなく、顎に歯を持つ最後のカメなのである。またしても、わたしたちは進化の変遷を見ることができる。顎に歯を持つ爬虫類に始まり、普通の爬虫類の歯を持つ「半分カメ」のオドントケリス、そして顎に歯はないが口蓋にいくつか歯があるプロガノケリス、そして歯のない後続のカメ類へとつながる進化的な

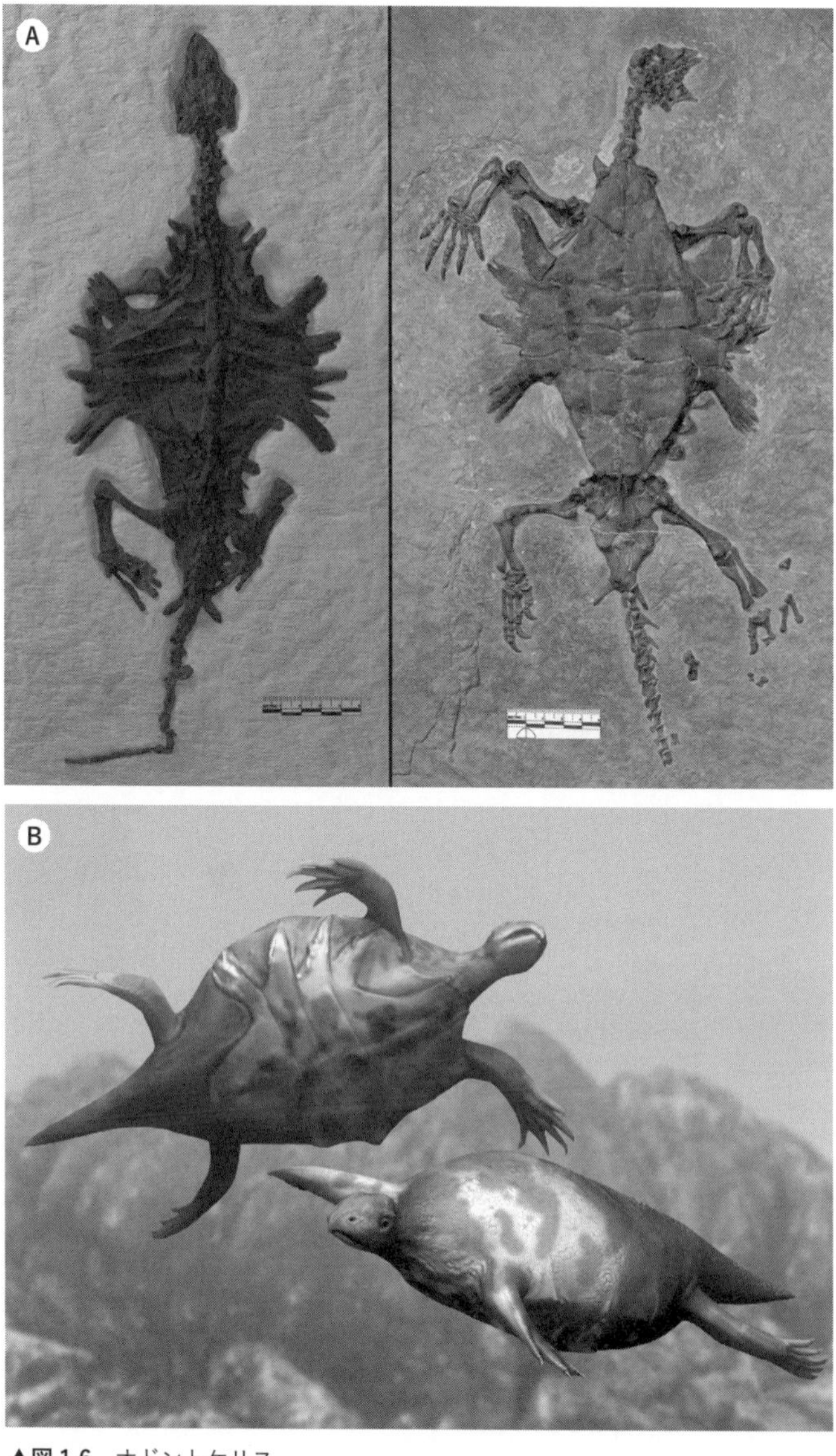

▲図 1.6 オドントケリス
A：見つかっている化石の中で最良のもの。背甲（左）は不完全だが、腹甲（右）は完全
B：生きている姿の復元

変遷が見られる。

また、オドントケリスは長く続いた別の議論にも終止符を打ってくれた。数十年間、カメの背甲は皮膚から発達した骨（皮骨）の小さな板が融合してできた、と唱える古生物学者がいる一方で、背甲はおもに背の肋骨の拡張から進化したものだと強く主張する一派もいた。オドントケリスによって後者の説が正しいことが示された。なぜなら、オドントケリスは幅広く拡張した肋骨を持ち、それが発達してつながり甲羅になりかけていたし、肋骨の上にも間にも皮骨が存在しなかったからだ。このことは、肋骨の発達上の変化から背甲の発達を追う、カメの発生学的研究で確認された――皮骨の関与はなかったのだ。

さらに別の疑問にも答えが出た。カメが最初に進化したのはどのような環境だったのかという疑問だ。プロガノケリスのように、後続の化石のほとんどは、陸上で形成された層から産出されているため、もともとカメは陸生動物だったと主張する古生物学者が多かった。しかし、既知で最古のカメのオドントケリスは明らかに水生動物で、外洋に生息し、河川や三角州にも泳いで入っていった可能性がある。前肢の比率にもとづくと、オドントケリスは小さなよどんだ水域に生息する多くのカメ類に似ている。

カメの山の下には

オドントケリスは「カメではない爬虫類」と「疑問の余地のないカメ」の間に位置する真の移行化石だ。だが、カメは爬虫類のどの系統から分岐したのだろうか。伝統的には、カメは無弓類と呼ばれるもっとも原始的な爬虫類のグループに属すると考えられてきた。無弓類とは、ほとんどの進化した爬虫類に見られる、頭骨の後ろにある特殊化した穴を持たないグループだ。この説は一世紀近く支持されており、今でも広く受け入れられている。

しかし、過去二〇年のうちに、新しいデータによって、この説は疑わしいものになってきた。新しいデータとは、すべての爬虫類に見られるDNAの分子配列とタンパク質である。そうした研究の多くでは、カメは双弓類に属するとされる。双弓類にはトカゲやヘビ、さらにはワニや鳥も含まれる。カメをトカゲに分類したり、「ワニ―鳥」のクラスターに分類する研究もある。

しかしながら、イェール大学とドイツのテュービンゲン大学の研究チームによる最新の分析からは、カメ類は現生爬虫類の中で、もっとも原始的なグループであることが強く示唆された。彼らは、南アフリカで発見されて、ハリー・シーリーによって一八九二年に最初に記載されたエウノトサウルスに着目した（図1・7）。エウノトサウルスは、中期ペルム紀（約二億七〇〇〇万年前）の地層にかなり

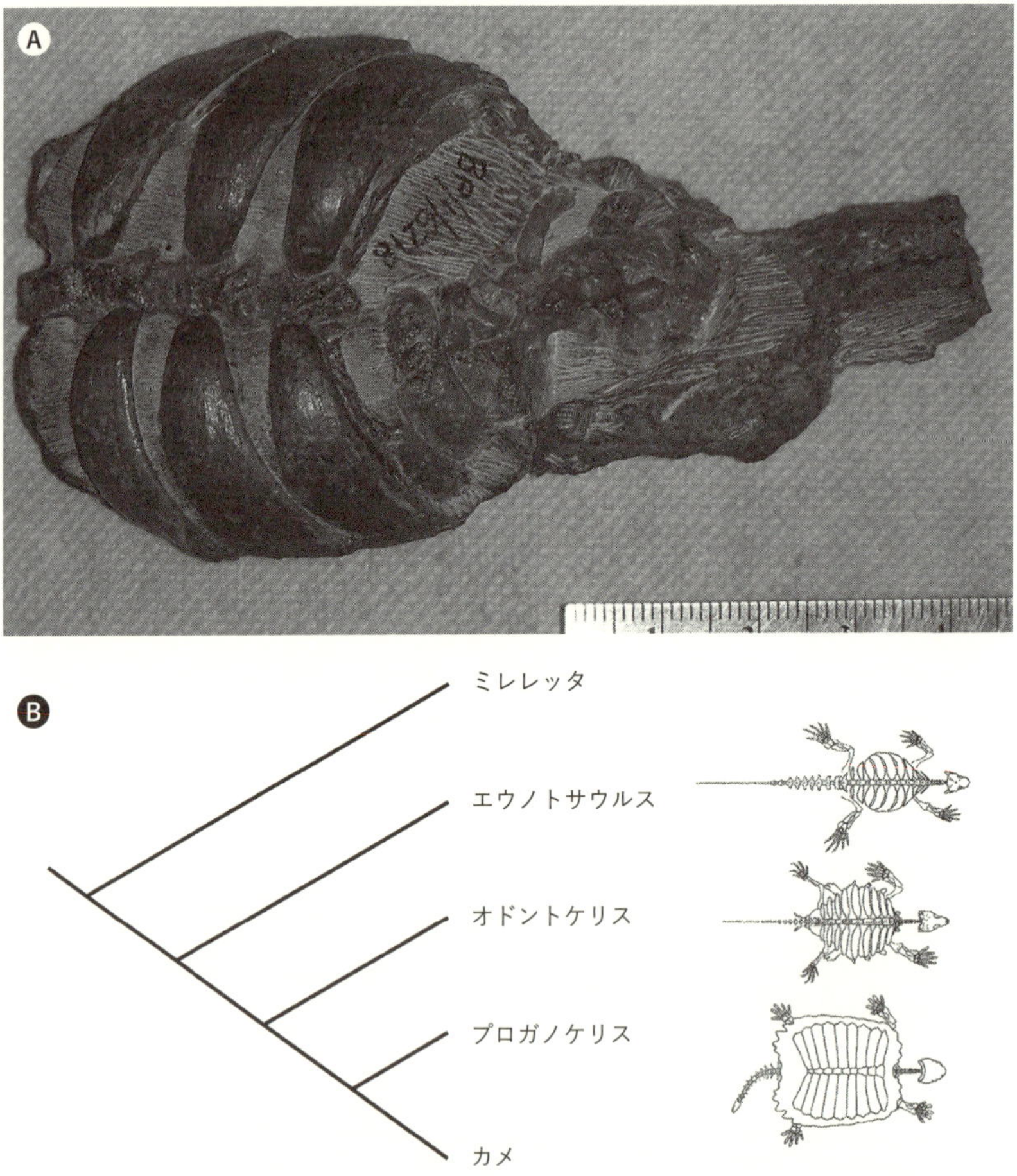

▲**図 1.7**　原始的なペルム紀の爬虫類、エウノトサウルス
広がった肋骨がカメの進化のもっとも早い段階を示す
A：部分的な標本。部分的な甲羅を構成する、断面がT字の特徴的な肋骨
B：エウノトサウルスとほかの原始的なカメの系統樹。爬虫類からカメへの移行が示されている

よく見られるが、保存状態のよい頭骨を持つ完全な骨格はめずらしい。エウノトサウルスは太った大きなトカゲのように見えるものの、骨格にトカゲとは異なる重要な特徴がいくつかある。もっとも目立つ特徴は、非常に拡張された横に広がった平らな背の肋骨で、互いにほとんどくっついて完全な甲羅になりそうなのである。多くの科学者は、この点やほかの多くの構造上の特徴から、カメ類は原始的な爬虫類の系統から分岐したものであるという確信を持った。分子解析はロングブランチアトラクションと呼ばれる問題にひっかかった、と彼らは主張している。系統樹から早く分岐して孤立したグループは、正しくないグループにまちがって分類されるような遺伝子のパターンになることがしばしばあるのだ。

というわけで探索はまだ継続中で、どの爬虫類からカメ類が進化したのかという疑問の答えはまだ出ていない。科学というものは、証拠が明らかで決定的なものになるまで（オドントケリスが最初に記載されたときのように）、通常このように進んでいく。この物語がどう展開するのか乞うご期待。本書が出版されるころには、また違った答えが受け入れられているかもしれないのだから。

自分の目で確かめよう！

わたしの知るかぎりでは、オドントケリスを展示する博物館はないが、ニューヨークのアメリカ自然史博物館には、コロッソケリスやスチュペンデミス、プロガノケリスを含む、ほかの化石カメがたくさん展示されている。アーケロンはコネティカット州ニューヘイブンにあるイェール大学ピーボディ自然史博物館に最大かつもっとも有名な標本があり、アメリカ自然史博物館やオーストリアのウィーン自然史博物館にも標本がある。スチュペンデミスのレプリカは姫路科学館や大阪市立自然史博物館で見られる。シュツットガルト州立自然史博物館にはドイツで発見されたプロガノケリスの化石が数点展示されている。

第2章 ヘビの起源・ハーシオフィス

歩くヘビ

そこで主なる神は女に言われた。「あなたは、なんということをしたのです」。女は答えた、「へびがわたしをだましたのです。それでわたしは食べました」。主なる神はへびに言われた。「おまえはこの事をしたので、すべての家畜、野のすべての獣のうち、もっとものろわれる。おまえは腹で這いあるき、一生ちりを食べるであろう。わたしは恨みをおく、おまえと女とのあいだに。おまえのすえと女のすえとの間に。彼はおまえのかしらを砕き、おまえは彼のかかとを砕くであろう」

——創世記三章一節から一六節

あらいやだ、ヘビが生きている！

動物界で人々に強い反応を引き起こす生物と言えば断然ヘビだろう。忌み嫌われ、もっとも恐れられている動物の一つだが、実際には、ネズミなどの人間にとって害のある生物を殺してくれるため、ほとんどのヘビは人間にとって有益だ。それなのに多くの人がヘビに対して、時には不合理なまでの強い恐怖心を抱いており、身のすくむような本物の恐怖症になる人もいる（ヘビ恐怖症）。まばたきしない瞼《まぶた》の下の冷たい視線やチロチロ動く舌、脚のない体でずるずると進む姿にぞっとする人が多い。

だが、ほぼ普遍的にヘビが恐れられている最大の要因はもちろん、毒を持つ種類が存在するからだ。オーストラリアの場合、もっとも一般的なヘビの一〇種がきわめて危険なので、その恐怖は理にかなっている。アフリカやアジアの熱帯にいるヘビも高い確率で毒蛇だ。しかし、アメリカの場合には、よく見られる毒蛇はガラガラヘビとアメリカマムシとヌママムシしかいない。日常的に人間に虐殺されている無害なヘビのほうが圧倒的に多い。ヘビを生きたままで放っておくことができない人がほとんどなのだから、近づいたり、研究して理解しようとしたりするなんてもってのほかだ――博物学を愛する人々、特に爬虫類に魅せられて爬虫両生類学に強い関心を持つことになった人々（さらに進んでそれを職業に選んだ人たち）をのぞいては。

おそらく危険なヘビとともに生きてきた長い進化の歴史のせいだと考えられるが、ヘビは人間の文化に大きな影響を与えてきた。神話や伝説にもよく登場する。古代エジプトではファラオの王冠をコブラが飾っていた。ギリシャ神話のゴルゴーン〔訳注：醜い怪物の三姉妹〕の一人であるメドゥーサの頭には髪の毛のかわりに無数のヘビが生えていた。ヘラクレスは九つのヘビの頭を切ってヒュドラーを殺さねばならなかったのだが、一つの頭を切り落としても、とたんに新しい頭が生えてきた。また、古代ギリシャ人は医療の分野でヘビを崇拝していたため、治癒の象徴である「カドゥケウス」は二匹のヘビがからみあった杖だ。

ヘビはヒンドゥー教や仏教でも崇拝されている。例えば、ヒンドゥー教の神のシヴァの首にはコブラが巻かれているし、ヴィシュヌは七つの頭を持つヘビの上に寝ている姿やとぐろの中に寝ている姿で描写される。さらに、メソアメリカの神話や宗教でも重要な役割を担っていた。中国でもヘビは長きにわたって崇拝され、また、珍味として食されてもきた。干支の一つはヘビである。

そして、もちろん創世記三章一節から一六節では、エデンの園のヘビが知恵の樹の実を食べるようにイヴをそそのかす。さらには、ヘビを操ることを礼拝の一形式とする現代キリスト教グループさえある（ほとんどの蛇使いは嚙まれ、ゆくゆくは死んでしまう）。

あなたがどのような感情を抱いていようとも、ヘビ類が地球上の動物の中でもっとも成功し、もっとも多様なグループの一つであることに違いはない。非常に特殊化した捕食性の生活スタイルにもかかわらず（生きた餌しか食べない）、二九科、数十の属、二九〇〇種以上がいる。

ヘビはスカンジナビアの北極圏から南はオーストラリアまで、南極大陸以外のすべての大陸で見られる。ヒマラヤでは四九〇〇メートルもの標高に生息し、インド洋から西大西洋までの暖かい沿岸水域では、海抜よりも低い場所にも生息している。ヘビがいない島も多いが（ハワイ、アイスランド、アイルランド、ニュージーランド、ほとんどの南太平洋）、必ずしも聖パトリックなどに追い払われたからというわけではない［訳注：アイルランドにヘビがいない理由は聖パトリックに追い払われたからだという言い伝えがある］。それよりも、一番近い本土からそれらの島々にたどり着くのが不可能だったことが理由のようだ――最後の氷河期のピーク時には海水準が下がり、多くの陸生哺乳類は離れた島々に歩いていくことができたのだが。いくつかの島（例えばアイルランド）は完全に氷河の下に埋もれていたし、ほかの島（例えばハワイ）は単に離れすぎていた。

ヘビには注目すべき多くの特徴があり、そのいくつかは特有のものだ。頭骨は小さな骨質の筋交いで構成されており、非常に伸縮性のある靱帯や腱でつながっている（図2・1）。そのため、頭全体をのばして獲物のまわりに巻きつけることが可能で、完全に飲みこむまで、獲物の体にそってゆっくりと顎を上げていくことができる。その間、餌が喉を通るまで息を止められる。何週間もかけて動物をゆっくり丸ごと消化する。丸飲みした死骸の塊を消化するという難しい工程の間は休眠して隠れていることが多い。消化が進行するにつれ、餌の膨らみがヘビの体内を動いていくのが見られる。

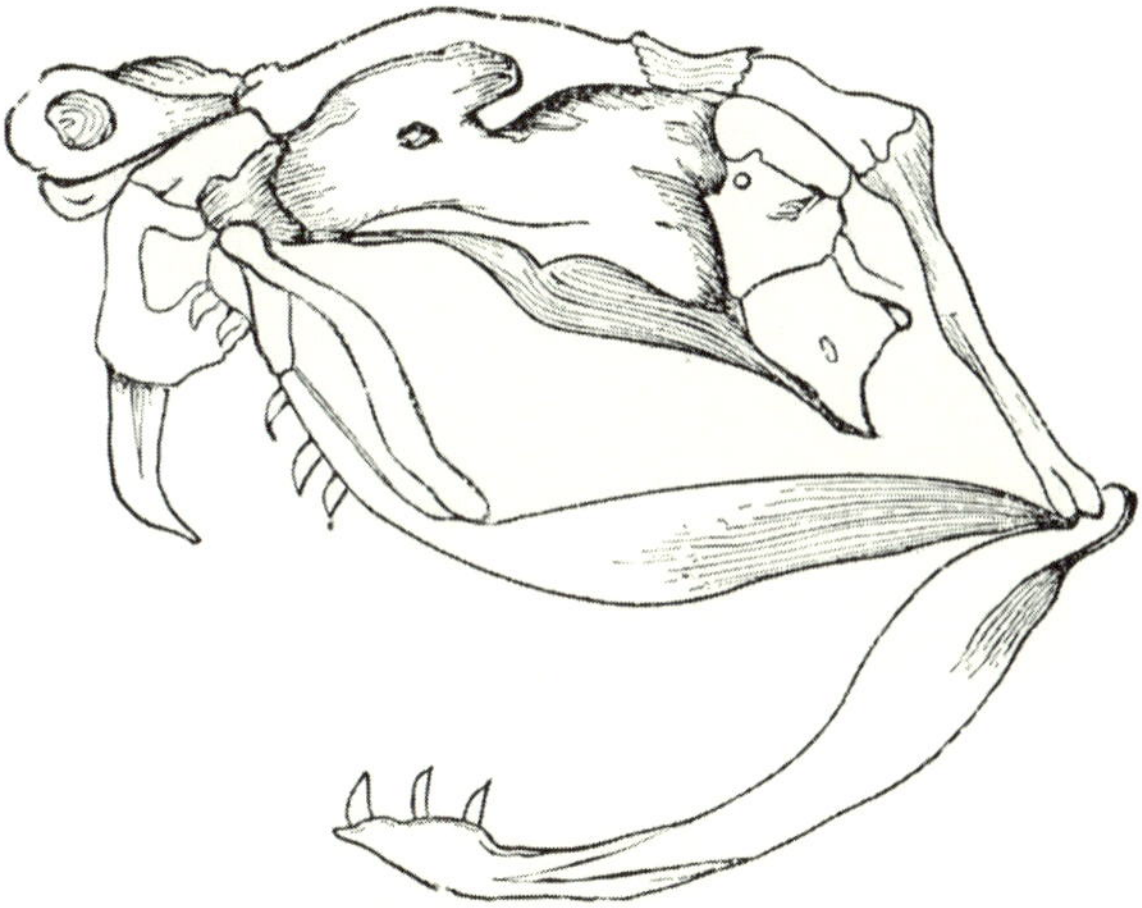

▲図 2.1　ヘビの頭骨
繊細な骨の筋交いが見られる

視力のよい種類もいるが、大多数は周囲がぼんやり見えるだけで、動きを追うほうに長けている。目が見えない種類も少しいる。ほとんどのヘビは、視力のかわりに、空気中の匂いを「味わう」ために二股に分かれた舌をチロチロと動かし、口蓋にあるヤコブソン器官を使って、舌が運んできた匂いを「味わう」。

さらに、多くのヘビは吻に熱を感知する窪みを持つため、恒温動物（捕食者と被食者の両方）の存在を検知することができる。

また、外耳を失っており、ほとんどの種は下顎で震動を感知することで音を「聞く」（これは「蛇使いの芸」が奇術である理由の一つだ。ヘビが音を「聞く」には下顎を地面につけていなければならないため、頭を上げているときには、笛の音に反応しているのではなく、蛇使いの動きに反応しているだけなのだ)。

頭骨の後ろにはおよそ二〇〇~四〇〇個の椎骨がある。一方、人間には三三個しかないし、ほとんどの尾を持つ動物は約五〇個である。ヘビの体は連結された肋骨でほぼ全体が形成されている。肋骨は十字に交差した筋肉の筋交いで覆われているため、体の動きをコントロールすることができ、さまざまな蛇行運動で前進することも可能だ。

体のほとんどは、非常に細長い胴体で構成され、尾は短い。細長い体の内部にはたいてい肺が二つあるが、体が細くて空間が限られているため、左肺が非常に退化している(まったくないこともある)。腎臓や生殖腺などのそのほかの対になっている器官はすべて体中にずらして配置されている。もっとも原始的なヘビ類(特にボアやその類縁)には腰の骨と大腿骨の痕跡がある。それらは脚としては機能していないが、求愛や配偶行動で役立っている。こうした痕跡的な骨は、脚が四本ある動物がヘビの祖先だったことを物語っている。

制約のある体制のわりには、体の大きさには非常にばらつきがある。もっとも小型のバルバドス・スレッドスネークはわずか一〇センチメートルほどで、コインの上でとぐろを巻くことができる。多くのヘビの長さは約一メートルで、齧歯《げっし》類やそのほかの小さな哺乳類や鳥類(そして、時にはほかのヘビ)などの、普通の獲物を押さえこむのには十分な大きさだ。反対の端にはアミメニシキヘビとアナコンダの、二つの巨大なボアコンストリクターの類縁がいる。アナコンダは泳ぎに特化したヘビで、獲物を水中に引きずりこんで絞め殺す。体の長さは六・六メートル、体重は七〇キログラムに達する。アミメニシキヘビはそこまで重くないが、少し長く、七・四メートルに達する。どちらのヘビもヤギやヒツジ、小さなウシやカピバラなどの大きな獲物を飲みこむことができるほど巨大だ。それでも、過去に存在した巨大なヘビの比ではない。

最近コロンビアの暁新世（六〇〇〇万〜五八〇〇万年前）の地層から発見されたティタノボアは、アナコンダのような現生のヘビが持つ記録を粉々に打ち砕く大きさだった（図2・2）。数百の椎骨と頭骨の一部しか見つかっていないが、それらの骨は巨大で、約一五メートル、つまりスクールバスの長さに達したと推定されており、重さは一一三五キログラムと見積もられている。ティタノボアは巨大な恐竜が姿を消してから約五〇〇万年後に生息していた。コロンビアの熱帯の沼地で、巨大なワニ類やカメ類やそのほかの巨大な爬虫類とともに生きていた。それらの生物が巨大だったのは、大型の哺乳類の捕食者（まだ進化していなかった）または大型の恐竜がいなかったからだと考えられる。そのため、巨大な捕食者の生態的地位をヘビやワニやカメなどの爬虫類が占めていた。

ティタノボアはギガントフィスという怪物のようなヘビが持っていた記録を破った。ギガントフィスはゴンドワナに生息していた絶滅したマドツォイダエという科の大ヘビで、エジプトとアルジェリアの始新世（四〇〇〇万年前）の地層から発見された。ギガントフィスの長さは一〇・七メートルに達するので、最大のアナコンダとアミメニシキヘビよりもはるかに大きい。この科にはウォナンビと

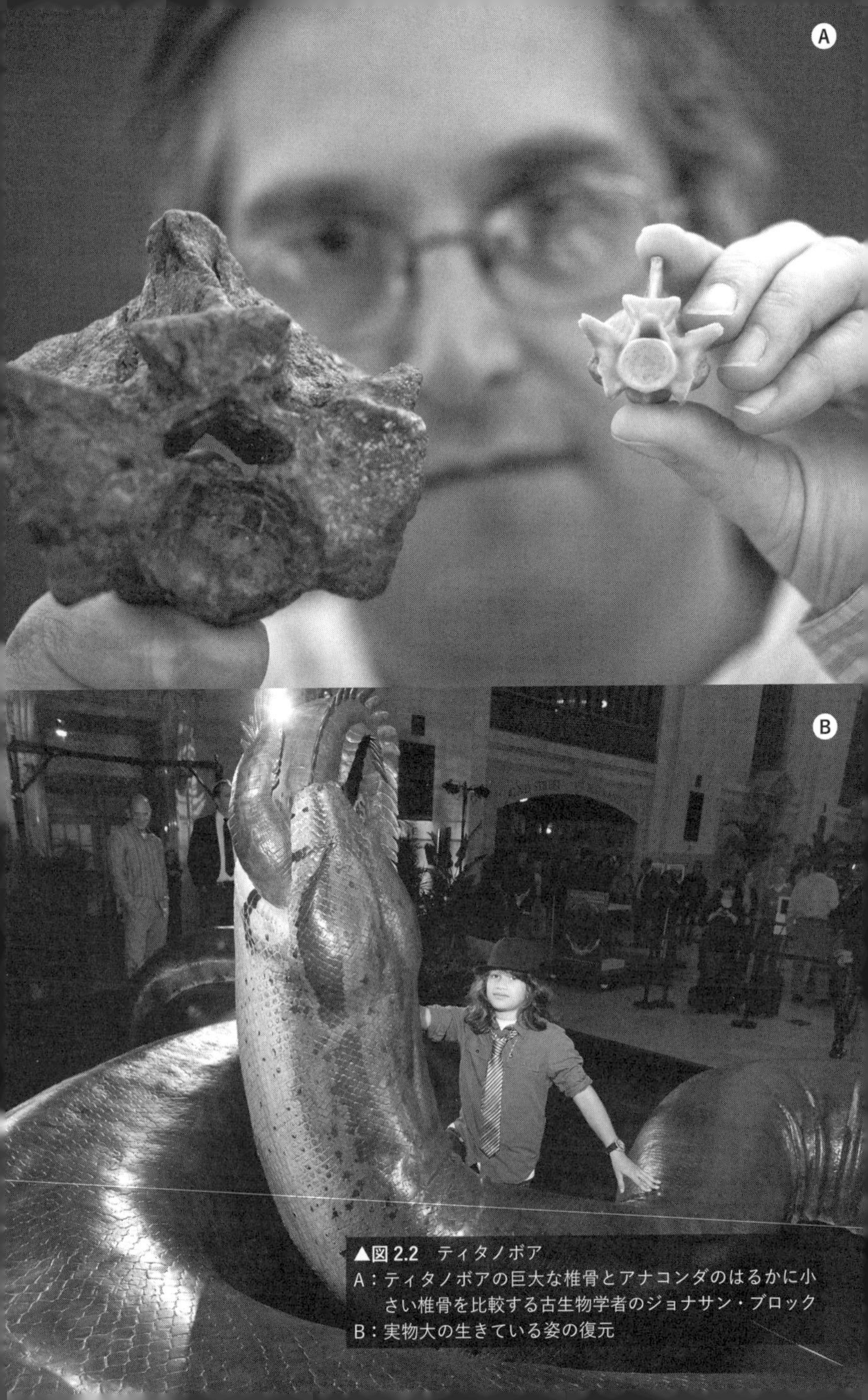

▲図 2.2　ティタノボア
A：ティタノボアの巨大な椎骨とアナコンダのはるかに小さい椎骨を比較する古生物学者のジョナサン・ブロック
B：実物大の生きている姿の復元

いう大ヘビもいた。ウォナンビは最終氷期にオーストラリアに生息していた。長さは六メートルに達し、オーストラリアでは史上最大の爬虫類かつ捕食者の一つだ。しかし、その頭は小さく、氷河期にオーストラリアに生息していたサイくらいの大きさのディプロトドンというウォンバットの類縁や巨大なカンガルーを食べることは不可能だったと見られるものの、ほかのほとんどの獲物は射程内だった。ウォナンビはオーストラリアの巨大有袋類の大半とともに約五万年前に絶滅した。

いずこよりヘビ来たる

ヘビの適応と成功は驚異そのものであり、恐竜が地球上から姿を消して以来ずっと繁栄してきた。しかし、ヘビはいったいどこから来たのだろうか。どうやって脚が四本ある爬虫類がヘビに変わったのだろうか。その進化を示す移行化石はいったいどこにあるのだろうか。

じつは脚を失うのは、変化の中ではもっとも簡単な部類だ。四肢動物の多くの異なるグループに起こっており、それらはすべて独立して進化した。爬虫類が脚を喪失した例はヘビに限らず、ミミズトカゲと呼ばれる爬虫類の現生グループもすべてそうだし、スキンクの一部やオーストラリアのヒレアシトカゲや北アメリカのアシナシトカゲを含むトカゲのいくつかのグループなども同様である。両生類では、アシナシイモリが蠕虫《ぜんちゅう》類のような体を発達させているし、サイレンの場合は、成長の抑えられた前肢だけがあり、後肢はない。さらに両生類では、欠脚類とリソロフィスの少なくとも二つの絶滅したグループも脚を失っていた。こうした動物のほぼすべてが穴居性動物であることから、脚の喪失は、地面や軟らかい泥を掘り進むのを助けているとみられる。

脚の喪失が簡単なのには単純な理由がある。肢芽の発達と脚の発達は、ホメオボックス遺伝子とTボックス遺伝子のある特定のセットによってコントロールされているため、それらの遺伝子が脚を発達させる命令を切りさえすれば、脚は消えてしまうのだ。

それでもなお、四肢を失う真っ最中の化石ヘビが見つかる可能性はきわめて低い。ヘビの体は数百の繊細な椎骨と肋骨からできているため、たいていは壊れてばらばらになってしまい、ほとんどのヘビは化石にならない。したがって、骨格の一部や完全につながった骨格が見つかっているものは一握りしかいない。圧倒的多数の化石ヘビは椎骨がいくつか見つかっているだけなので、脊柱のちょっとした特徴しかそれらの生物の判断基準がないのだ。

こうした困難をよそに、先史時代の化石記録には、脚が四本あるトカゲから脚のないヘビに至る変化が記録された一揃いの注目すべき化石が含まれている。第一段階を表すのは、ジュラ紀のいくつかの断片的な化石だ。次は、二〇〇七年に中期白亜紀（約九五〇〇万年前）のスロベニアの岩石から発見されたアドリオサウルス・ミクロブラキスと呼ばれる化石である（図2・3）。その名前は「小さな

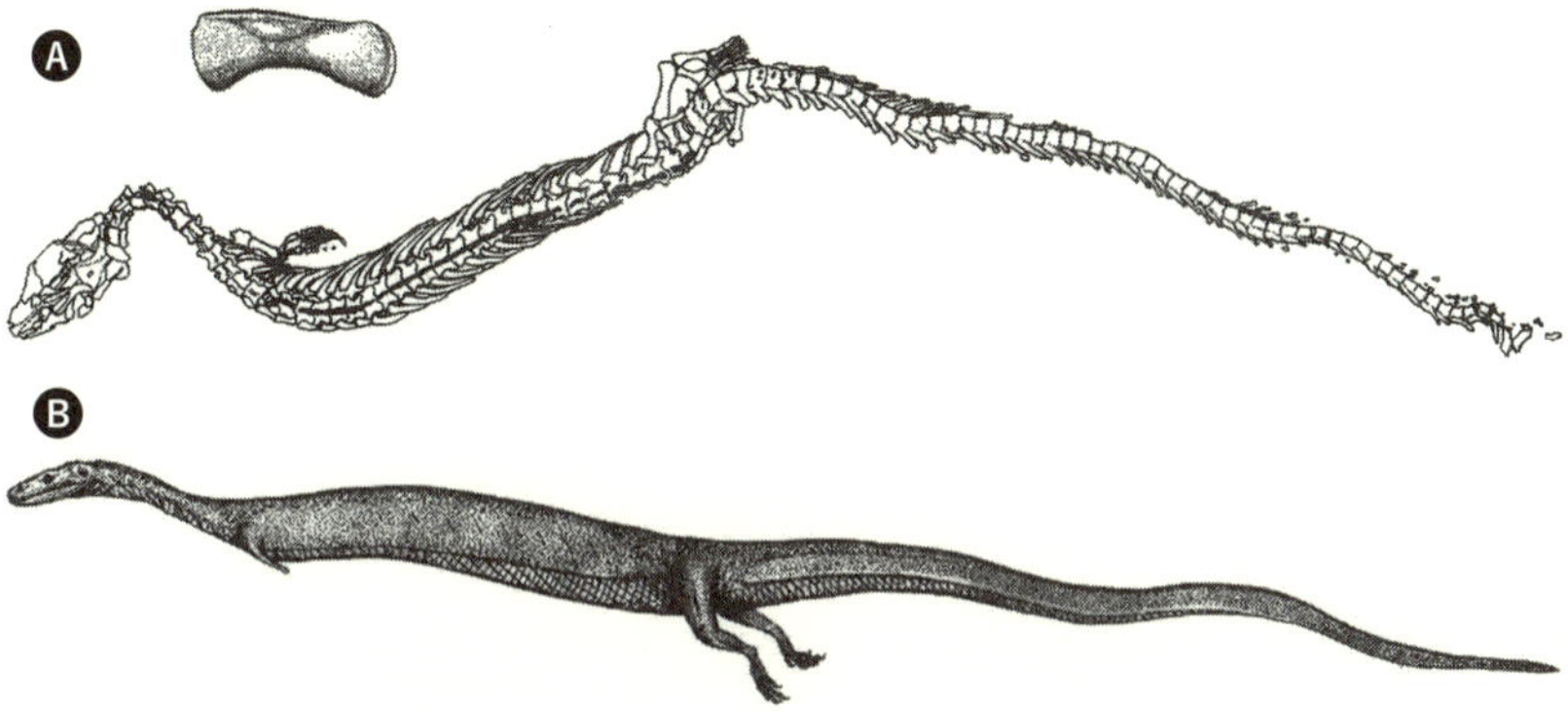

▲**図 2.3**　移行化石アドリオサウルス
きわめて小さな前肢と、完全に機能する後肢を持っていた
A：骨格
B：生きている姿の復元

腕を持つアドリア海のトカゲ」を意味する。アドリオサウルスは非常に細長い海生のトカゲで、機能しない前肢と完全に機能する後肢を持っていた。

その次に来るのは、前肢は失ってしまったが、機能しない小さな後肢をまだ持っていた多種多様なヘビだ。例えば、アルゼンチンのカンデレロス累層から発見され、二〇〇六年に記載されたナジャシュ・リオネグリナは陸生の穴居性のヘビで、約九〇〇〇万年前のものと推定される（ナジャシュは「エデンの園のヘビ」のヘブライ語名）。このヘビにはまだ腰の骨と、腰につながっている椎骨があり、大腿骨と脛の骨が保たれた退化した後肢もあった。

さらに特殊化してヘビらしくなった生物は、イスラエルとレバノンの後期白亜紀の海洋性岩石から産出した一連のすばらしい化石ヘビだ。なかでももっとも完全なのは、ハーシオフィス・テラサンクトゥスである（図2・4）。その名前は「聖地から見つかったハースのヘビ」を意味し、この産地を発見し、一九八一年に亡くなる前に化石を記載していたオーストリアの古生物学者ゲオルク・ハースにちなんで命名された。

ハーシオフィスは、ヨルダン川西岸のラマラの近くにあるユダヤン・ヒルのアイン・ヤブルードの約九四〇〇万年前の石灰岩から発見された。その化石は尾の先が失われているだけのほぼ完全な骨格で、長さはおよそ八八センチメートルある。頭骨とほとんどの椎骨は、ほかの原始的なヘビのものに非常に似ている。しかし、ごく小さな後肢がまだ存在し、大腿骨と脛骨、そして足の一部がある。ナジャシュの後肢とは異なり、ハーシオフィスの腰の骨は小さく、もはや脊柱についておらず、完全に退化して機能していない。ハーシオフィスと白亜紀のそのほかの多くの海生ヘビは、どうも縦びれと櫂のような形の尾を持っていたと見られ、現生のウミヘビと同じだ。

また、アイン・ヤブルードからはハーシオフィスより少し大型のヘビも発見されており、一九七九年にハースによって記載され、パキラキスと命名された。その化石はハーシオフィスに比べるとやや不完全だが、一メートルの細長い体にはやはり小さな退化した後肢がある。パキラキスの肋骨と椎骨は非常に厚くて密度が高く、白亜紀の海を潜るのに役立っていたと考えられる。

中東の海成石灰岩から産出した三番目のヘビはユーポドフィス・デスコウエンスで、レバノン（アイン・ヤブルードからそう離れていない場所）の約九二〇〇万年前の岩石から見つかった（図2・5）

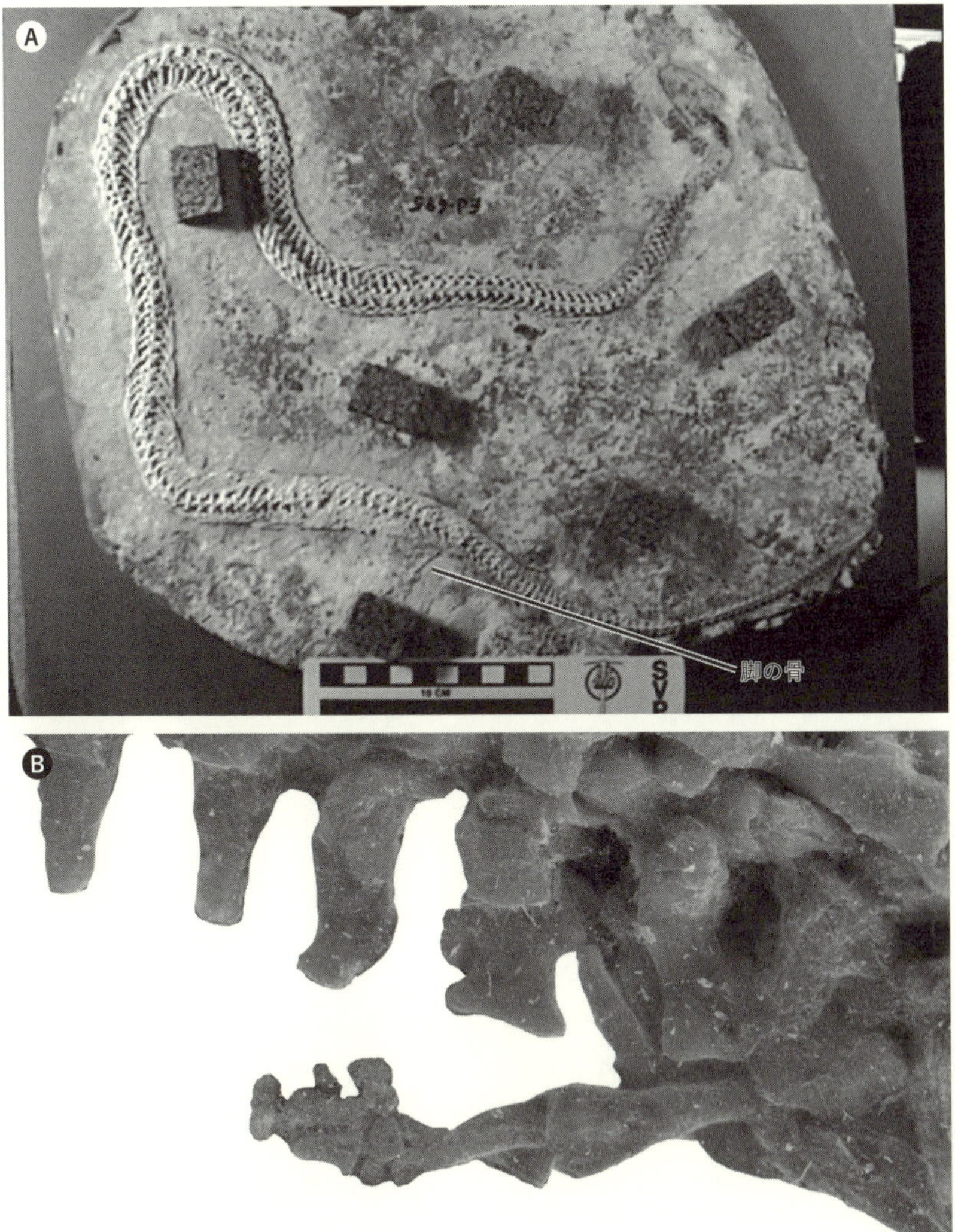

▲図 2.4　二本脚のヘビ、ハーシオフィス
A：つながったままの完全な骨格。退化した後肢が保存されている（大きな黒いブロックは、上に何かを重ねたときに標本を保護するためのコルク）
B：退化した後肢の詳細

（属名は「よい脚を持つヘビ」を意味し、種小名はフランスの古生物学者ディディエ・ディスクワンをたたえて命名された）。長さは八五センチメートルで、ハーシオフィスと同じようなサイズだが、白亜紀のほかの脚が二本あるヘビ、つまりハーシオフィスとパキラキスよりも脚がさらに縮小し小さくなっている。

このように、後期白亜紀の地層から見つかったいくつかの絶滅した海生ヘビ類が持つ痕跡的な後肢に加え、ボアやその類縁などの原始的な現生ヘビ類が持つ痕跡的な腰の骨と大腿骨（時には体から小さな「突起」がつき出している）は、脚のある生物からヘビが進化したことを示す、無口だが力強い証拠なのである。

しかし、ヘビはいったいどんな祖先の末裔なのだろうか。もっとも古い説は、一八八〇年代に先駆的な古生物学者で爬虫両生類学者のエドワード・ドリンカー・コープが提唱したものだ。彼は、例えばオーストラリアのゴアナやインドネシアのコモドドラゴンなどのオオトカゲ類とヘビ類が解剖学的類似点を多く持つことに気がついた（モササウルスと呼ばれる白亜紀の海生トカゲとは、さらに多くの類似点が見られる）。今でも解剖学的証拠はヘビとオオトカゲの関係を支持しているようだが、最近の分子データでは支持されておらずあいまいだ。いくつかの分子配列によれば、たしかにオオトカゲにもっとも近い位置づけになるが、ほかの分子配列によると、ヘビはあらゆる現生トカゲ類の外に位置する。

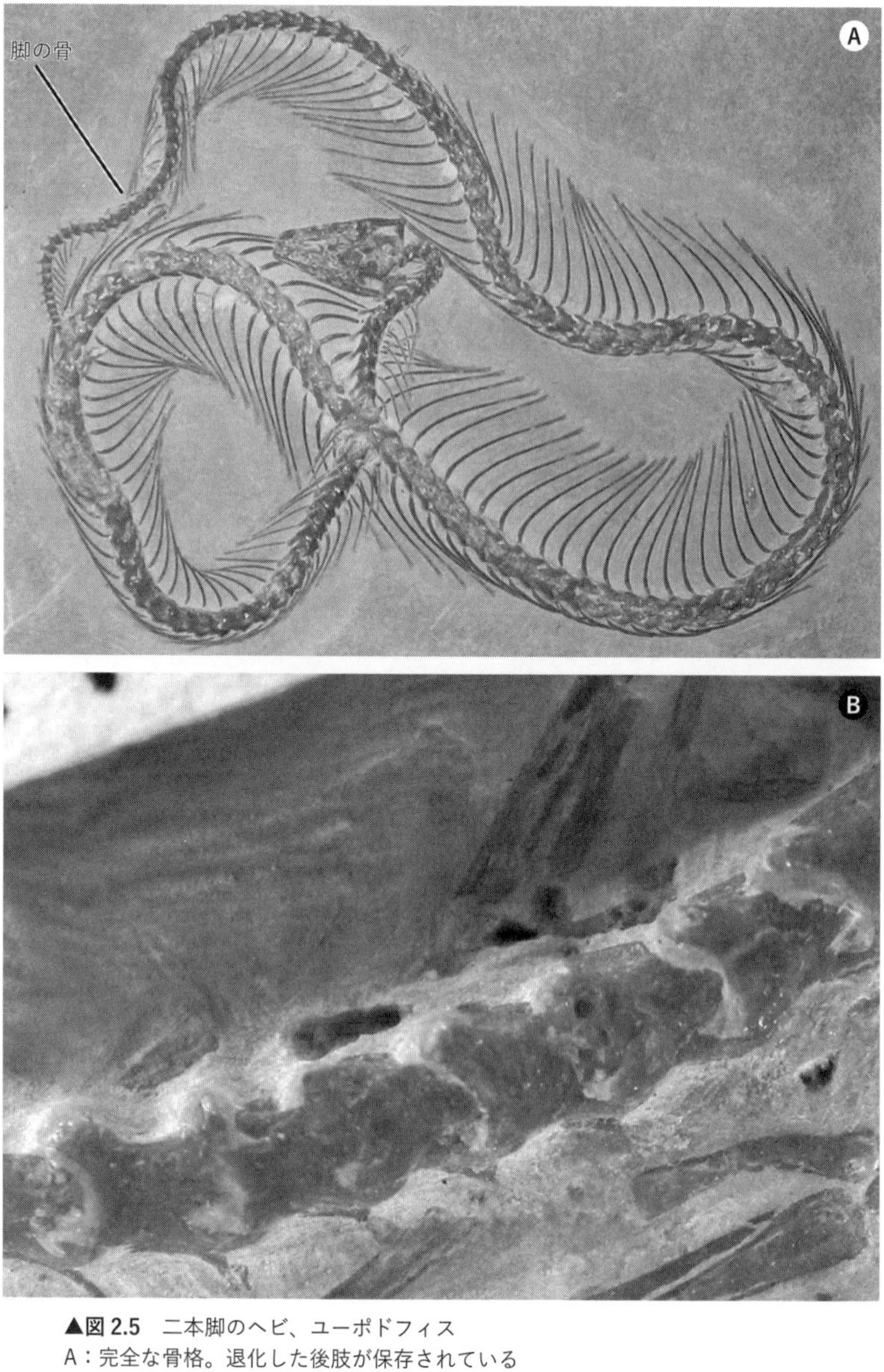

▲図 2.5　二本脚のヘビ、ユーポドフィス
A：完全な骨格。退化した後肢が保存されている
B：脊柱の詳細。退化した後肢が見られる

また、海で生活するなかでヘビが脚を失ったという説は、地中海東岸（スロベニア、イスラエル、レバノン）の白亜紀の層から発見された海生ヘビの化石の多くから裏づけられているようだ。この説によれば、外耳が失われていることと、融合した透明な瞼を持つことは、地面を掘るよりも泳ぐことに対する適応と考えれば納得がいく。

しかし、泳ぐトカゲではなく、例えばボルネオのミミナシオオトカゲのような穴を掘るトカゲから進化したと主張する一派もいる。ヘビの透明な瞼は、地面に穴を掘る際に砂とこすれて傷がつかないように眼を保護するもので、外耳がないのは、耳に土が入らないようにするためだったという。陸の生活に対するナジャシュの適応はこの説に合うが、ナジャシュが登場したのは海生のヘビであるハーシオフィスとパキラキス、ユーポドフィスよりもやや後の時代だ。だが、既知のヘビ類の中でもっとも原始的なものはコニオフィスで、頭はトカゲで体はヘビなのだが、化石が不完全なため、どのような脚を持っていたのかを確かめることはできない。何はともあれコニオフィスは陸生であり、海生ではなかった。しかし、水生トカゲのアドリオサウルスはさらに原始的なヘビの類縁で、四肢を持ち、海を泳いでいた。

というわけで、ヘビにもっとも近い類縁の謎はまだ決着がついていない。このようにして科学は進んでいく。こうした議論は科学的なプロセスには絶対不可欠なもので、そのおかげで、常に証拠を注意深く調べ、選択肢を残しておくことができる。どのように決着がつくにしても、四本脚から二本脚へ、さらに脚なしへ移行していった特徴を多くの化石が示しているという事実は、ヘビが四本脚の祖先から進化したということを表している。

自分の目で確かめよう！

ティタノボアの実物大の模型は、リンカーンにあるネブラスカ州立大学博物館に展示されている。

第3章　最大の海生爬虫類・ショニサウルス

「魚トカゲ」の王

彼女は海岸で海の貝殻を売っている。彼女が売っている貝殻はまちがいなく海の貝殻だ。だからもし彼女が海岸で海の貝殻を売っているのなら、彼女は海岸の貝殻を売っているにちがいない。（英語の早口言葉）

彼女は海岸で海の貝殻を売っている

十八世紀後半、イギリス南部のドーセット海岸ぞいにあるライム・リージス村は富裕層や上流階級に人気の夏の観光地で、海水浴や涼しい海風を楽しむ裕福な人たちでにぎわっていた。また、貝殻集めや化石などの珍品の収集を趣味とする人が多かった。誰もが化石について、岩石の中から見つかる風変わりな面白い物体としか考えてはおらず、名前をつけたり分類したりするのには適しているが、創世記からすでにわかっていること以外の事柄を明らかにするものだとは思っていなかった。当時、恐竜はまだ知られていなかったし（一八二〇年代と三〇年代になるまで発見されなかった）、地球上にかつて存在し、絶滅したほとんどの生物も知られていなかった。実際、ほとんどの人（特に学者）は絶滅が起こることすら否定していた。なぜなら、神はもっともちっぽけなスズメまで大切にしていたのだから、一つでも自分の創造物が絶滅することなど許すはずがなかった。アレキサンダー・ポープの詩「人間論」（一七三三年）にはこううたわれている。「万物の創造主のように、公平な目で見れば、英雄は死に、または雀は落ちる」。一七九五年までに、イギリスの下層階級出身で、測量士であり運河の設計士だったウィリアム・スミスは、イギリス全土で化石が一定の順序で見られることに気づいていたが、彼の発見が日の目を見るまでさらに二〇年を要した。

ライム・リージス村では、リチャード・アニングという貧しい家具職人と妻のモーリーがほそぼそと暮らしていた。二人にはたくさんの子どもがいたが、ほとんどが幼年期に死んでしまった。当時は医療が不十分だったし、死に至る子どもの不治の病が多く、めずらしいことではなかった。長女は服に火がついて四歳で亡くなった。一七九九年、この悲劇から五か月後にメアリー・アニングが生まれた。生後一五か月のとき、雷が落ちて村の女性三人が死亡する事故があった。だが、亡くなった女性の一人の腕に抱かれていたにもかかわらず、赤ん坊のメアリーは無事だった。

メアリーは教会で少しだけ教育を受け、読み書きを覚えた。当時は労働者階級の女性が教育を受けるのはまれだった。ある程度の年齢になると、父と兄のジョセフ（生きている唯一の兄弟）が下部ジュラ系のブルーライアス層（二億一〇〇万～一億九五〇〇万年前）の海食崖に化石を採集しに行く際に同行した。そこには「ヘビ石」（アンモナイト）や「悪魔の指」（ベレムナイト）、「悪魔の足の爪」（グリファエアという牡蠣）や「バーテベリー」（椎骨）があふれていた。十九世紀初頭は、庶民にとってはつらい時代だった。村人の多くがなけなしの収入の足しにしようと、裕福な観光客に売るために夏の間に化石を採集していた。また、アニング一家は英国国教会の信者ではなかったため、さらなる差別にあい、生活のいろいろな面で閉め出されていた。

一八一〇年に再び悲劇が起こった。結核を患い、さらに化石の採集中に崖から転落した父のリチャードが四四歳で死んだのだ。残されたモーリーとジョセフとメアリー（当時まだ一一歳）はわずかでも収入を得ようと、一日中化石採集をせざるを得なかった。そして、一年後に最初の幸運な発見があった。石に埋まった長さ一・二メートル以上のすばらしい頭骨をジョセフが発見して掘り出したのだ。残りの骨格は後にメアリーが発見した。その化石は吻が長いので最初は「化石の状態のワニ」と同定され、裕福な収集家の手から手へと渡っていった。

一八一四年にエヴァラード・ホームがその標本を記載したが、彼にはその生物が何なのかさっぱりわからなかった（図3・1）。水生で魚に似た椎骨を持つため魚類に分類したものの、爬虫類のような

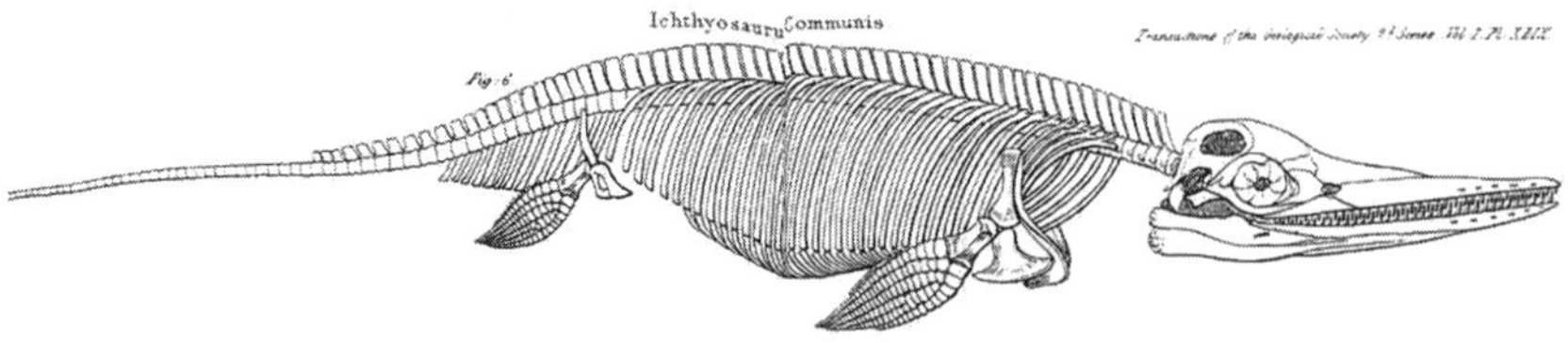

▲図 3.1　ウィリアム・コニビアによる、最初に発見された魚竜の化石の挿絵

特徴が多くあることもわかっていた。彼は魚類と爬虫類の「存在の大いなる鎖」の中のミッシングリンクだと考えた。しかし、そのどちらかがもう片方から進化したとは言わなかった（進化という考えが登場するまでにまだ四〇年あった）。そして、一八一九年に、トカゲとプロテウス（ホライモリ）を結ぶリンクであるという結論に至り、プロテオ・サウルスと命名した。

一八一七年、大英博物館の博物学部門の学芸員だったチャールズ・ディートリッヒ・エーバーハルト・コーニック（改名前はカール・ディートリッヒ・エーバーハルト・ケーニヒ）が、魚類とトカゲの両方の特徴を持つことに気がついて、その化石を非公式にイクチオサウルス（ギリシャ語で「魚」と「トカゲ」の意、和名は魚竜）と呼んだ。その標本は一八一九年の五月までに大英博物館のために購入され、今でもそこに所蔵されている。

そして一八二二年には、イギリスの地質学者ウィリアム・コニビアがほかの標本とともに正式に記載してイクチオサウルスと命名した。そのため、それ以降に見つかったこの種類の化石のすべてに対してこの名前が使われることになった（したがって、プロテオ・サウルスという名前を使う必要はなくなった）。
そのころアニング家では、兄のジョセフが家具職人の見習いになり、化石採集をする時間が減ったため、メアリーが採集して一家を支えなければならなかった。彼女が見つけた最良の化石のほとんどは、天気の悪い冬の時期に発見されたものだった。嵐の冬には、波が崖を打ち砕くので、化石が新たに露出するのだ。だが、同時にもっとも危険な季節でもあり、崖がいつ崩れるかわからないし、干潮の時間をはかりまちがえれば波にさらわれかねない。メアリーについて、一八二三年のブリストル・ミラー紙にはこう書かれている。

この忍耐強い女性は毎年、来る日も来る日も、重要な化石を探すために、潮が引くとライム村のつき出した崖の下を何マイルも出かけていく。彼女が探しているのは崖から落ちてきた塊そのもので、唯一その中に過去の世界の貴重な遺物が含まれているのだ。落ちてきてすぐに拾わねばならず、半分崖に残ってぶらさがっている岩につぶされる危険や、潮が満ちてきて取り残され、波にさらわれる危険といつも隣り合わせだ――すばらしいコレクションにおさめられている魚竜のみごとな標本のほぼすべては、彼女の大変な努力によるものだ。アニングには九死に一生を得た経験が何度もある。一八三三年十月には、すんでのところで地滑りで生き埋めにならずにすんだが、白黒のテリヤの忠犬トレイは死んでしまった（図3・2）。その年、友達の

▲**図 3.2**　メアリー・アニングの知られている唯一の肖像画
岩石ハンマーと採集袋を持っている。一緒に描かれているテリヤのトレイは、採集中の地滑りで死んでしまった

シャーロット・マーチソンに宛ててこう書いている。「忠犬の死にわたしがすっかり動揺したと言ったら、おそらくあなたは笑うでしょう。崖が崩れて、あっという間に死んだのです。目の前で、わたしの足下のすぐ近くで……。わたしが同じ運命から逃れた瞬間でした」

しかし、彼女の努力は報われた。一八二三年には首長竜（図4・5参照）の初となる完全な標本を発見し、イギリスの科学界をさらにまごつかせた。一年後には、ドイツ以外では初となる翼竜の化石も発見した。彼女が採集した無数の化石魚類はほかの科学者らによって記載されたし、多くのアンモナイトやほかの軟体動物もそうだった。ベレムナイトという弾丸のような形の殻の中に墨汁嚢の証拠を見つけ、それが絶滅したイカ類だったことを証明した。人々がベゾアール石と呼んでいた物体が、じつは化石化した排泄物であることにも気づいていたが、後にウィリアム・バックランドが自分のアイデアとして発表し、糞石と命名した。彼女は少ししか教育を受けていなかったにもかかわらず、手当たりしだいに科学論文を読み、手で書き写すことも多かった（詳細な図版も描き写した）。一八二四年には、レディー・ハリエット・シルベスターが彼女についてこう書いている。

この若い女性の非凡な点は、その科学分野に徹底的に精通していることであり、どんな骨を見つけても、瞬時にどの種に属するのかわかるのです。彼女はセメントで骨をフレームに固定し、図を描き、刻印し……。それはまぎれもなく、すばらしい神の恵みの実例です――この貧しく無学な少女が、こうも恵まれていようとは。読書と実践によって、このテーマについて書いたり、教授たちやほかの賢い人々と肩を並べて話したりできるほどの知識レベルに達したのです。この王国中に、彼女よりもその分野に熟知している者は一人もいないと誰もが認めているのです。

一八二六年、たった二七歳のときに、メアリーは十分に貯まった資金で自分の店を持った。有名な地質学者や古生物学者のほぼ全員が、彼女のもとを訪れて化石を購入した。ルイ・アガシー、ウィリアム・バックランド、ウィリアム・コニビア、ヘンリー・デ・ラ・ビーチ、チャールズ・ライエル、ギデオン・マンテル、ロデリック・マーチソン、リチャード・オーウェン、アダム・セジウィックなど、そうそうたる顔ぶれだ。また、彼女の化石で自分の博物館を設立したアメリカの収集家たちもいたし、複数の国の王族も最高の標本を購入した。

しかし、十九世紀初頭に現代地質学の基礎を築いたイギリスの紳士たちは、彼女を高く評価していたにもかかわらず、社会階級が低い非国教徒であるとして、同等に扱おうとはしなかった。この障害を取り払うために彼女は後に英国国教会に改宗した。すばらしい標本はすべて、購入した裕福な紳士たちによって記載されたが、化石の採集やクリーニングを行ったのは彼女だったことについてはほとんど、またはまったくふれられなかった。生きている間に彼女の考えが活字になることはなかった。自分で出版するチャンスなどなかったのだ。だが、一八四七年に乳がんで亡くなるころには、その重要性がイギリスの地質学界から正しく評価されるようになっていた。亡くなる前の数か月間、彼らは病床の彼女を助けるために募金を集め、葬儀代を払い、彼女が通う教会にステンドグラスをつくり、会合で賛辞を呈した（これは学会の会員にしか与えられない名誉だった）。また、チャールズ・ディケンズが書いた記事の主題にもなった。さらには、早口言葉の詩「彼女は海岸で海の貝殻を売っている（She sells seashells by the seashore）」のモデルだったとも言われている。

今日、アニングは女性初の古生物学者、そして、もっとも偉大な女性古生物学者と見なされているだけでなく、古生物学の先駆者の一人と評価されている。彼女の発見は、彼女が生を受けた世界の見方を一変させた。一八三〇年代までに、絶滅した魚竜や首長竜が暗に意味することについて人々は真剣に考えはじめ、怪物が海を泳ぎまわる恐ろしい「ノアの洪水以前の世界」について語るようになった（図3・3）。数年後にはその仮説に恐竜も加えられた。じつは一八二〇年代やそれ以前に、ジョルジュ・キュヴィエが、マンモスとマストドンとメガテリウムが絶滅したことを示してはいたのだが、魚竜や首長竜のような大型動物の絶滅という、事態の深刻さによって、ようやく創世記を文字通り解釈した世界が再考されることになった。彼らはぞっとしながらノアの洪水以前の奇妙な世界を眺めた。特に魚竜の目の輝きは恐ろしかった。地球は一定の周期を繰り返しており、絶滅した動物が復活して

▲**図 3.3**　1830年にヘンリー・デ・ラ・ビーチが描いた、ライム・リージスの沖で戦う１頭の魚竜と２頭の首長竜
先史時代の一場面を描写したはじめての絵画の一つで、現在ではパレオアートと呼ばれるジャンルの第１号作品と考えられている。この一場面のリトグラフはメアリー・アニングへの資金を募るために販売された。19世紀初頭にはまだ恐竜は発見されていなかったが、首長竜と魚竜は広く知られていた

▲図 3.4　ヘンリー・デ・ラ・ビーチが1830年に描いた、「ひどい変化（Awful Changes)」と題された風刺画

イクチオサウルス教授が過去に絶滅した奇妙な生物（人間の頭骨）について講義している。チャールズ・ライエルは絶滅を受け入れなかった最後の地質学者の一人で、地球の歴史は循環しており、絶滅した種が後の時代に復活すると信じていた。最終的には彼も、化石記録には方向性のある進化が示されており、絶滅した種がもどってくることはないと認めざるを得なかった

いると主張するライエルなどの科学者もいた（図3・4）。だが、最終的にはほとんどの科学者が、変化がない完全な天地創造やノアの洪水の現実味を捨てざるを得なかった。

ただ生計を立てるために化石を採集して売っていたメアリー・アニングという地位の低い熱心な女性が、四七歳という若さで亡くなる前に、期せずして、科学的思考の大革命の基礎を築いたのだった。

「魚トカゲ」

メアリー・アニングの発見が、魚竜類という驚くべき動物グループの世界への扉を開いた。十九世紀初頭、恐竜は歯と顎の破片からわずかに知られているだけで、完全な骨格が一八八〇年代に発見されるまでほとんど解明されていなかった（第6章）。それとは対照的に、魚竜の化石は完全な状態やほぼ完全な状態で見つかることがよくあった。そのため、収斂進化［訳注：異なる系統の生物が互いによく似た形態的特徴を進化させること］によってイルカやクジラによく似た形をしているにもかかわらず、魚竜類がまちがいなく爬虫類であることがすぐに確認された。ほとんどの魚竜は、泳いでいる獲物をとるための細長くとがった吻と鋭利な円錐形の歯を多数持っていた。また、おそらく濁った水の中で見るためだったのだろう、ほとんどの魚竜の眼は大きかった。強膜輪《きょうまくりん》と呼ばれる構造を持つ種もあり、眼球の瞳孔のまわりの小さな骨からなる輪で眼が保護されていた。ジュラ紀の終わりの魚竜の骨には減圧症の証拠があり、深く潜る習性があって、長時間息を止めることによる影響や、深いところから上昇する際に血液から窒素が放出されることによる影響にしばしば悩まされていたことを示している。

魚竜の頭部は体と一体化している。これは常に泳ぎつづけられるように体が流線型になっている多くの水生動物と同様だ。最近の推定によると、魚竜の最高遊泳速度は時速二キロメートルで、もっとも速い現生のイルカやクジラよりも少しだけ遅い。

イルカに似た体には背びれがあったが（イルカや魚の背びれと相似）、骨ではなく軟骨で支えられているので、軟部組織が保存されている標本にしか見られない。しかし、その手は、指節骨が増加したり分割して多くの小さなパーツになることで形成された、数十の小さな円盤状の骨からなるひれに変化していた。後肢は前肢よりもかなり小さいひれに変化しており（クジラやイルカの場合は完全に失われている）、泳ぐ際の推進にはあまり使われていなかったようだ。体の後ろは先細りになっていて、尾びれが垂直に配置された魚のような尾があり、尾の部分を左右に動かして泳いでいた（ほとんどの硬骨魚と同じように）。

脊柱の椎骨の最後の部分は、尾の下葉《かよう》を支えるために下向きに鋭く曲がって屈曲しているが、上《じょう》葉《よう》には骨がなく、軟骨だけで支えられていた。魚竜研究の初期には、科学者たちはこの尾椎の屈曲に頭を悩ませた。保存の際に起こったもので、おそらく腱が乾いて収縮して曲がったのだろうと考えていた。しかし、リチャード・オーウェンは二つの葉がある尾びれの産物であると正しく解釈した。彼の洞察が正しかったことは、十九世紀後半にドイツのホルツマーデンというすばらしい化石産地が見つかったときに証明された。この産地の化石には、軟部組織の黒い輪郭が保存されている。そのため、魚竜の尾の上葉の性質をはじめて知ることができたし、背びれの輪郭もはじめて見ることができた（背びれは骨で支えられていないので通常は見られない）。

魚竜の生態については多くのことがわかっている。保存状態が良好で、ばらばらになっていない完全な骨格が多数見つかっており、軟部組織の輪郭や胃の内容物が保存されていることもしばしばあるからだ。ほとんどの魚竜はイルカやクジラのように獲物をとっていたと見られる。歯の生えた長い吻を使って、泳いでいる獲物（イカ類、ベレムナイト、アンモナイト、魚など）を捕まえていたと考えられており、このことは保存された胃の内容物から確認されている。初期の魚竜の中には、軟体動物を食べるための鈍い歯を持つものがいる一方で、歯のない嘴《くちばし》を持つ種類もいて、それらは、吸いこむことで捕食していたと考えられている（多くの魚類と同じように）。

また、自分よりも小さな魚竜を食べていた証拠も多くの標本から見つかっている。魚竜を襲うことを好んでいた捕食者も多く、顔や骨に傷が残っている。下顎が短く、上顎が長い剣のように変化した種類もおり、魚の群れに向かってふりまわして、獲物を数匹動けなくするために使用していたのではないかと考えられている（メカジキやバショウカジキのように）。

このように完全に水生の動物がどうやって陸に上がれたのか、特に、ウミガメのように浜辺に卵を産むためにどうやって陸に上がったのかという問題について、早いうちから議論されていた。魚竜のひれは水中から体を引き上げて、砂の上をずるずる這っていけるほど大きくはないのだ。その後、ホルツマーデンから、母親の産道だったと見られる場所から逆子の状態で生まれる途中の赤ちゃんの化石がいくつか見つかり、はじめから予想されていたことが確認された。魚竜は体内受精の後に子どもを産む胎生であり、陸に上がって卵を産んではいなかったのだ（イルカやクジラが海の中で出産し、生まれた瞬間から育てるのとまったく同じだ）。

要するに、魚竜にはイルカの体制との驚くような収斂進化が見られるが、哺乳類ではなく爬虫類であり、哺乳類とは根本的に異なる特徴を多く示している。だが、このように高度に特殊化した生物はいったいどこから来たのだろうか。

魚竜の起源

首長竜（第4章）の場合と同様に、魚竜類がどのように生まれたのかを示す優れた一連の移行化石がある（図3・5）。まずは中国の前期三畳紀の地層から見つかったナンチャンゴサウルスだ。その体

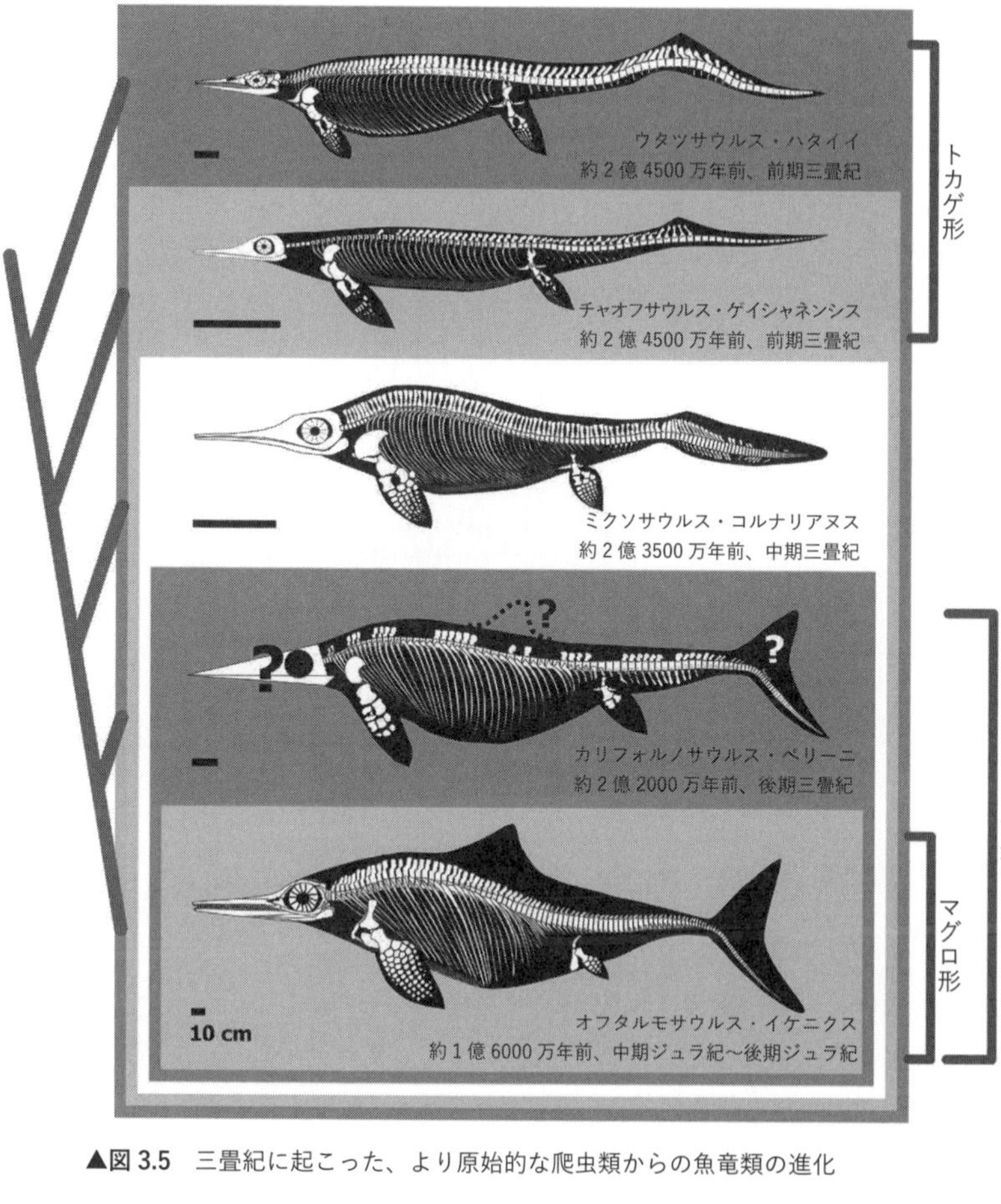

▲図 3.5　三畳紀に起こった、より原始的な爬虫類からの魚竜類の進化

は通常の爬虫類なのだが、唯一の違いはすべての魚竜類に見られる長い吻を持つことだ。最初に記載されたときには、どのグループに分類したらいいのかさえわからなかった。原始的な爬虫類の特徴を多く持つのに、その発達した頭骨は魚竜類のようだったからだ。

次は日本の前期三畳紀の地層から発見されたウタツサウルスだ（図3・5）。その体はさらに流線型で、魚竜類の体型のように魚雷型だが、手足はまだ原始的でひれに変化していない。魚竜類の長い吻を持つものの、尾の椎骨には下方向への屈曲がなく、ただゆるやかに曲がっているだけなので、尾びれの上葉は小さかったようである。次は、中国の前期三畳紀の地層から見つかったチャオフサウルス。その頭骨はすっかり魚竜類のもので、吻は短く、歯は単純で、眼が大きかった。だが、頑丈な脚は、典型的な魚竜類のひれに発達する兆候が見られはじめたところだったし、尾びれの上葉にはわずかな屈曲があるだけだった。

さらに特殊化しているのは、ドイツなどの中期三畳紀の地層から見つかっているミクソサウルスである（図3・5）。ミクソサウルスは典型的な移行化石で、進化した魚竜と原始的な祖先の中間に位置する。完全にイルカのような体を持ち、吻は長く、眼は大きく、ほとんどの魚竜類と同じ背びれを持っていた。手足は明らかにひれに変化していたが、手足の指の骨の数はまだ増えていない。その尾はチャオフサウルスの尾よりもさらに下方に曲がって発達しており、尾びれの上部に小さな葉があるだけだった。後期三畳紀のカリフォルノサウルスはさらに特殊化しており、さらに変化した前ひれを持ち、後ろのひれが縮小する最初の兆候が見られると同時に、尾はよりシャープに下に曲がっている。どうも尾びれには上葉があったようだが、その保存状態からたしかなことは言えない。

これらの中間的な生物は、オフタルモサウルス（図3・5）などの完全に進化したジュラ紀の魚竜類に見られる標準的な体制を獲得する途上にあった。つまり、歯のある長い吻、強膜輪に守られた巨大な眼のある小さな頭骨、背びれのある完全に流線型の体、たくさんの指節骨を持つ大きな胸びれ、これまたたくさんの指節骨がある小さな腹びれ、尾の上葉と下葉が完全に対称なことを示唆する尾の椎骨の下方への鋭い屈曲などだ。一八一一年にメアリー・アニングによってはじめて脚光を浴びたのはこの生物だったのだが、今日では、魚竜類にはほとんど見えない爬虫類にまで起源をさかのぼることができる。

三畳紀の「クジラ爬虫類」

これまで見てきたもののほとんどが三〜五メートルの普通の大きさの魚竜だった。だが、クジラサイズのものもいた。なかでも特にみごとなのはショニサウルスだ。

ショニサウルスの最初の標本は、ネバダ州の中南部にあるベルリン・イクチオサウルス州立公園という有名産地で発見された（図3・6）。この産地はウエストユニオン・キャニオンに位置し、ショショーニ山脈の標高二一三三メートルの場所にある。ラスベガスからは車で北に約六時間、リノからは東に三時間。文字通り、何もないところだ。この州立公園にはこの化石産地だけではなく、今はゴーストタウンになっているベルリンというかつて鉱山で栄えた町も含まれている。その地域で働いていた昔の鉱山労働者の間ではアンモナイトや二枚貝の化石が知られていたが、巨大な骨が見つかることもあった。なんと魚竜の骨で暖炉をつくった者さえいた。一九二八年には、その骨が魚竜の骨であることにスタンフォード大学のシーモン・ミューラーが気づいたのだが、彼には採集して研究する資金がなかった。

それから二四年が過ぎ、この長らく顧みられなかった化石をネバダ州ファロンのマーガレット・ホイートがいくつか採集し、バークレーのカリフォルニア大学古生物学博物館にいるチャールズ・L・キャンプのもとに送った。興味を持ったキャンプは一九五三年に現地を訪れ、本格的な発掘と研究を行うことにした。その訪問の後、彼は野帳にこう記している。

シーモン・ミューラーはこれらの魚竜の化石を一九二九年と三〇年に見つけたと言い、それ以来ずっと我々を納得させようとしてきた——わたしは昨年の九月にホイートさんからそれらについて聞かされたのだが、脊椎は非常に大きく（最大直径三〇センチメートル）、重さは一〇

▲図 3.6　ネバダ州ガブスの近くにあるベルリン・イクチオサウルス州立公園
A：入り口の広場には、ショニサウルスの実物大のレリーフがある
B：建物内にあるボーン・ベッド（骨層)。広い面積に骨が埋まっている

キログラムということだった……我々は南を向いている斜面を登っていった……ホイートさんがほうきで掃いて露出させたものを調べた……硬い石灰岩の中に六個以上の椎骨が連なり、その下にもさらにあるようだった。それは怪物の椎骨だ――今までに知られているどの魚竜の椎骨よりも大きく、中期三畳紀のキンボスポンディルス（ジョゼフ・ライディが命名）よりも時代が新しい。

一九五四～五七年の夏に、キャンプとサミュエル・E・ウェルズ、博物館のスタッフがその場所で本格的な調査を行った（キャンプによる二回目の取り組みは一九六三～六五年に行われた）。その結果、ほぼ完全な骨格の発掘に成功し、その化石は現在はラスベガスのネバダ州立博物館に展示されている（図3・7A）。彼らは見つかったときの状態、つまり岩石がほとんどついた状態を保ちつつ、化石をクリーニングして、埋まっていたときよりもはっきり見えるようにした。

作業中にキャンプのチームは、南に二四〇キロメートルしか離れていないネリス試験訓練場で行われた核実験による目がくらむような閃光を目にし、爆発音を数回聞いた。一九五五年五月十五日に二八キロトンが爆発した後にキャンプはこう書いている。

今朝五時に、三二〇キロメートル離れたところで、一四個目の大きな原子爆弾が爆発した。わ

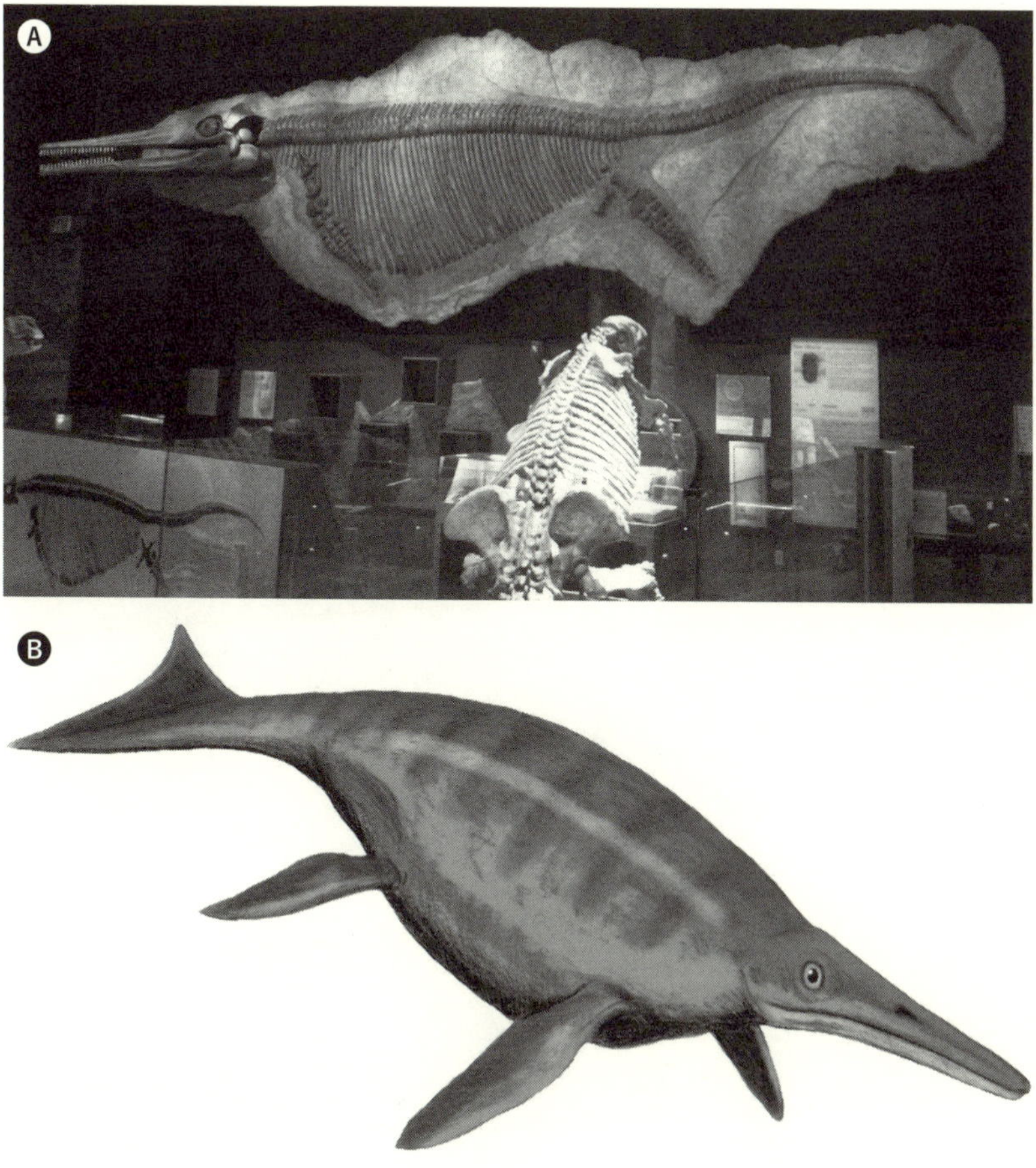

▲**図 3.7**　ショニサウルス
A：ラスベガスにあるネバダ州立博物館に展示されている骨格
B：生きている姿の復元

たしはベッドに座って、一秒足らずの赤紫の閃光を見た。約一五分後、雷が地面を少し揺らすかのような、ゴロゴロ鳴る低い音が轟いた。轟音は二、三回音量が増した。三〜五分後、もっと控えめな、遠くでライオンが吠えるような音が力なく空気中を伝わってきた。

さいわい核実験による放射性降下物（死の灰）は北ではなく東に流れたので、彼らは汚染されなかった。キャンプは一九七五年に八二歳でがんで亡くなったが、高レベルの放射線にさらされてはいなかったようである。しかし、ユタ州セントジョージの住民はそう幸運ではなかった。

さて、その発掘場所には驚くほど骨が密集しており、少なくとも四〇の個体に相当した。もともとキャンプは座礁鯨のように干潮に取り残されたものなのではないかと考えていたが、その後行われたジェニファー・ホグラーの研究によって、ルニング累層（上部三畳系〈約二億一七〇〇万〜二億一五〇〇万年前〉）のこの部分は深海の堆積物であることが示された。したがって、多くの魚竜の死骸が底に沈んで荒らされなかった理由はいまだに謎である。海綿やサンゴが存在しないこと、骨が比較的荒らされていないこと、外骨格が完全に保持されていることなどから、その非常に深いよどんだ水は、腐食生物やそのほかの多くの生物が生きるのには適していなかったと考えられる。

ショニサウルスは大型のクジラ並みの大きさで、約一五メートルあった。歯のない長い吻を持つので（若いときをのぞく）、獲物を捕らえるために速く泳いではいなかったと考える科学者もいる（図

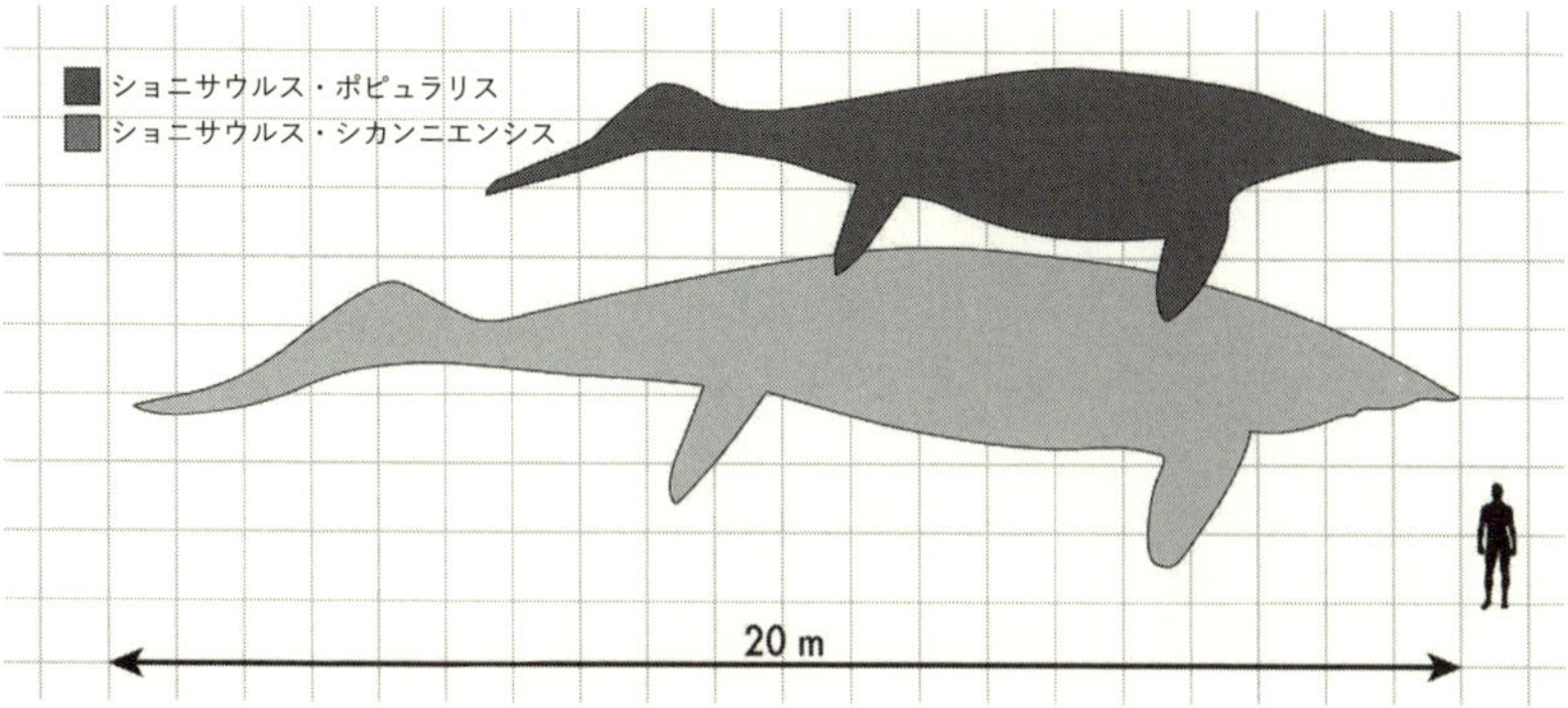

▲図 3.8　ショニサウルス・ポピュラリスとショニサウルス・シカンニエンシスの大きさの比較

3・8、図3・7B)。そのかわりに、近くを泳いでいる獲物を吸いこんだり、ほとんどの大型のクジラやジンベエザメと同様に、大きな動物よりもプランクトンを食べていたと考えられる。その体は大きくて丸く、比較的長い胸びれと腹びれがあるのだが、それらはすべて、指節骨がひれに変化したときにできた巨大な丸い指のパーツからなる（指節骨過剰）。背びれはなかったようで、多くの三畳紀の魚竜類と同様に、尾には小さな上葉があるだけで、ジュラ紀の魚竜に見られる鋭い屈曲は見られず、尾の椎骨の先がわずかに下向きに曲がっているだけだった。

キャンプは長い時間をかけて研究を終え、一九七六年についに結果を発表した。彼はショショーニ山脈とその地域のアメリカ先住民にちなんでショニサウルスと命名し、種小名をポピュラリス（「普通の、ありふれた」の意）とした。一九五〇年代の終わりには、ホイートと

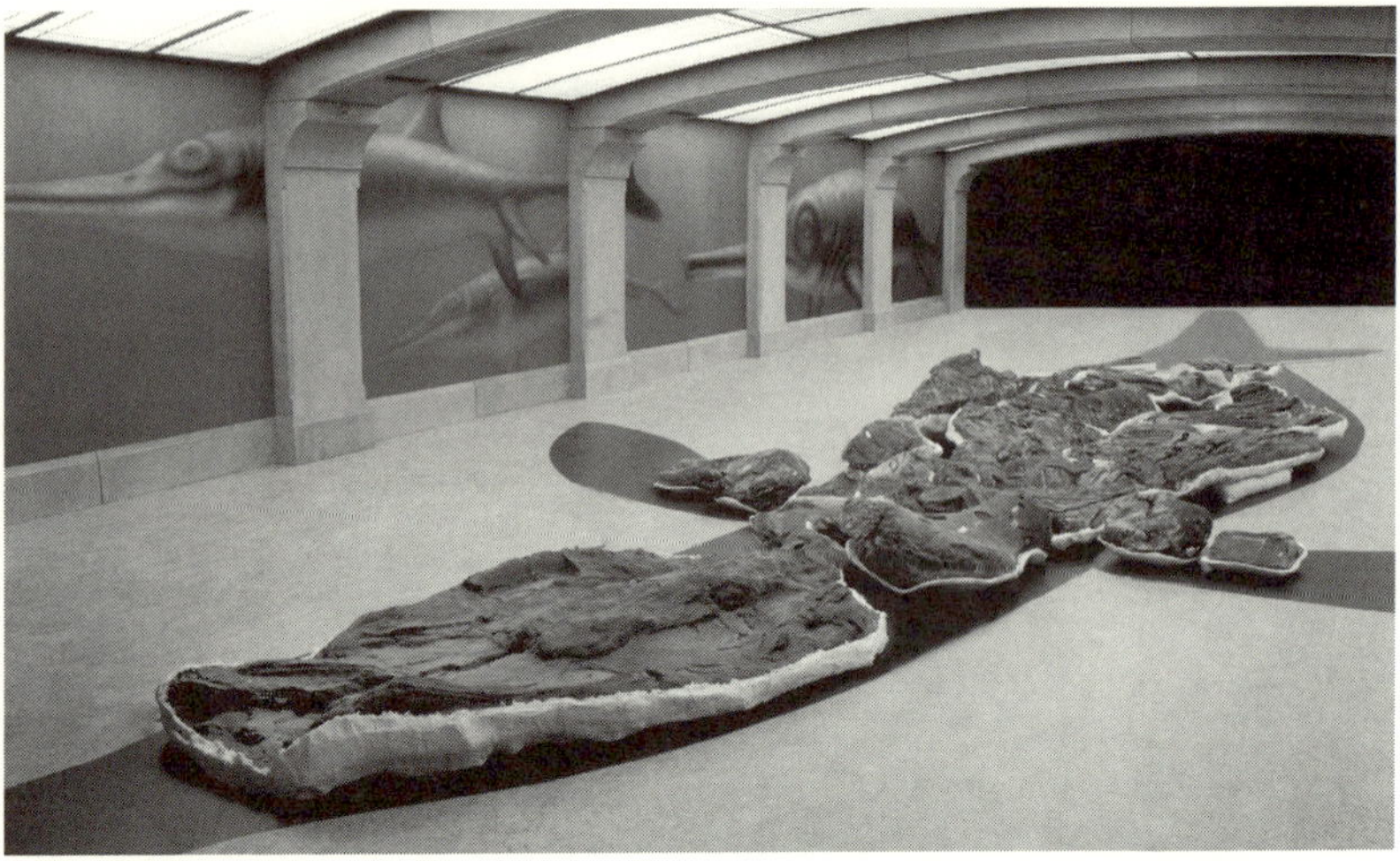

▲図 3.9　アルバータ州ドラムヘラーにあるロイヤル・ティレル古生物学博物館に展示されている、ブリティッシュ・コロンビア州で発見された巨大なショニサウルス（またはシャスタサウルス）

キャンプとウェルズは、この巨大な生物がネバダ州の化石にふさわしいことに気がついた。まちがいなく人の目をひくし、ネバダ州に特有で、州内で見つかるどの化石よりもカリスマ性がある。何十年ものロビー活動の結果、一九八四年にネバダ州議会で公式に州の化石として認められた。

二〇〇四年には、故ベッツィ・ニコルスがカナダ、ブリティッシュ・コロンビア州の上部三畳系（二億一〇〇〇万年前）のパードネット累層からさらに大きなショニサウルスを発見して記載した（図3・9）。ショニサウルス・シカンニエンシスと命名されたこの魚竜は二一メートル以上に達する大物で、ほとんどの現生クジラ類よりも大きかった。この生物もまた歯のない長い吻を持ち、大きな体には長細い胸びれと腹びれがあるが、背びれはなく、尾びれには上部に小さな葉があるだけだった。発見後、一部の科学者はショニサウルスからシャスタサウルスに分類しなおした。シャスタサウルスはカリフォルニア州の後期三畳紀の地層から見つかった、これよりも小さな魚竜の属だ。しかし、もっとも最近の二〇一三年の分析では、この生物は巨大なショニサウルスの一種だったという最初の説が裏づけられている。

自分の目で確かめよう!

メアリー・アニングが発見した化石はロンドン自然史博物館に展示されており、ほかの多くはケンブリッジ大学のセジウィック地球科学博物館が所蔵している。

アメリカには魚竜類のすばらしい化石を展示する博物館が多く、ニューヨークのアメリカ自然史博物館、ピッツバーグにあるカーネギー自然史博物館、シカゴにあるフィールド自然史博物館、ワシントンD.C.にあるスミソニアン博物館群の一つの国立自然史博物館などで見ることができる。ドイツにはホルツマーデンで発見された魚竜類の化石を展示する博物館が多い。例えば、ベルリンにある自然史博物館（フンボルト博物館）、フランクフルトのゼンケンベルク自然博物館、ミュンヘン古生物博物館、シュツットガルト州立自然史博物館などで見られる。

アメリカ、ネバダ州のベルリン・イクチオサウルス州立公園へ行くにはネバダ州道３６１号線をガブス方面に向かう。そして、ハイウェイ８４４号線をグランツビルに向かって東に曲がり、その後、舗装されていない道を東に進めばたどり着ける。

ショニサウルス・ポピュラリスのほぼ完全な骨格はラスベガスにあるスプリング・プリザーブ内のネバダ州立博物館に所蔵されている。巨大なショニサウルス・シカンニエンシスは、カナダ、アルバータ州ドラムヘラーのロイヤル・ティレル古生物学博物館で見ることができる。

第4章 最大の海の怪物・クロノサウルス

海の亡霊

中生代には真のウミヘビは存在しなかったが、首長竜はそれに近い生物だった。首長竜は海にもどった爬虫類で、当時はそれがよい考えだと思われたのだ。

泳ぎについてはずぶの素人だったので、四枚のひれで水をかいて進み、賢い海生哺乳類がするように尾を推進に使用することはなかった（魚竜などはバランスを取ったりかじを取ったりするのにひれを使っていた。首長竜はなにからなにまでまちがえていた）。そのため、魚を捕まえるには泳ぐのが遅すぎたので、首にどんどん脊椎を加えていき、ついには体よりも首が長くなってしまった……。

魚しか怖がってくれず、そうする価値はほとんどなかった。やることに身が入っていなかった。できが悪かったので、楽しんではいられなかった。産卵するために岸に上がったりしなければならなかったのだ（魚竜はずっと水中で生活し、水中で子どもを産んだ。どうやったらできるのかわかるなら、そうするだろう)。

——『いかに絶滅するか (*How to Become Extinct*)』ウィル・カッピー

目の前の砂漠は海の下だった

今日のオーストラリアのアウトバックは半砂漠で、数百キロメートルにわたって乾燥した低木地帯が広がっている。めったに降らない雨が降るときにはゲリラ豪雨になり、いつもは乾いている水たまりが急にいっぱいになる。ほとんどの植物は数週間しかない湿った季節に急速に成長し、残りの一年のほとんどは干ばつを生きのびられるように適応している。背の高いゴムの木(ユーカリ)は、少しは木陰を提供するが、常に樹液をしたたらせ、細長い葉や樹皮の破片を落としている。生態系のすべてが干ばつに適応しているのだ。今ではさらに頻繁に起こるようになった山火事の際には、植物が激しく燃え、可燃性の樹液に満ちた草木が燃え上がる。最大の草食動物であるカンガルーから穴を掘るウォンバット、ユーカリにすむコアラまで、動物たちも同様に乾いた気候に適応している。

この乾いた景色からほかの世界を想像するのは難しいが、かつては非常に異なった環境だったことをオーストラリアの大部分の岩石が証明している。それらは浅い外海に堆積した石灰岩で、その海にはオーストラリアのほぼ全域やほかの大陸の大半が沈んでいた。恐竜時代の中ごろ〈前期白亜紀〈約一億二五〇〇万〜一億年前〉〉には地球全体が温室気候だった。スーパープルーム［訳注：マントルで起こる大規模なプルーム（巨大な垂直方向の対流運動）］による巨大な海底火山の噴火で、大量の二酸化炭素が大気中に吐き出されたのだ。大気中の温室効果ガスが高濃度になり、地球はかつてないほど暖かくなった。二酸化炭素の濃度は、現在の四〇〇ｐｐｍに対して、最大で二〇〇〇ｐｐｍだったと推定されている。当然ながら、そのように暑い惑星では氷が溶けてしまうので、南極や北極に氷冠は存在せず、山脈にも氷河はなく、どこにも氷は存在しなかった（残念なことに、最近のいくつかの恐竜映画ではこの事実が意識されていないらしく、背景の山に雪が積もっている）。

その上、合体してパンゲアという超大陸になった後に、主要な大陸が急速に分裂して離れていった。この急速な海洋底拡大によって、大気中に温室効果ガスが放出されただけではなく、ほかにも影響があった。海洋底が急速に拡大すると中央海嶺の合計体積が大きくなる。拡大が遅いときよりも海嶺が熱く、膨張するからだ。それに比べて、拡大する速度が遅い海嶺は冷却される時間が長いので、海嶺の頂上から急角度で沈み、厚みが薄くなる。膨張した海嶺によって海盆が浅くなり、海水は行き場を失って、唯一行けるところに向かって押し出される。つまり、大陸の上に流れていったのだ。また、このほかにも、海が浅くなって海面が上昇した原因として、海底火山によって巨大な溶岩台地が築かれたことや、海水の温度が上がって膨張したことなどがある（後者は今日の世界的な海水準上昇の要因である）。

その結果、前期白亜紀にはほぼすべての大陸が浅い海に沈んでいた。一部は地球規模の温室状態が始まった後期ジュラ紀に水没していた。オーストラリアのほとんどが海の下にあっただけではなく、ヨーロッパのほとんどもそうだった。ヨーロッパを覆っていた浅海には新しいプランクトン、つまり円石藻《えんせきそう》と呼ばれるとても小さな藻類があふれていた。小さな円石藻が死ぬと、きわめて小さな方解石の殻が沈み、海底に降り積もって固化して、膨大な量の岩石ができる。白亜（チョーク）として知られる岩石だ。こうしたかつての白亜の海は、イギリスの「ドーバーの白い壁」のような有名な場所だけではなく、フランス北部やベルギーやオランダでも見られる。

また北アメリカには、現在のグレートプレーンズ（大平原）に巨大な浅海があった。その海によってメキシコ湾と温かい北極海がつながっていた。大平原諸州のほとんどすべて（テキサス州とオクラホマ州からカンザス州とネブラスカ州、サウスダコタ州とノースダコタ州、そして、カナダのアルバータ州からサスカチュワン州まで）は、広大な範囲が浅海で形成された白亜紀の頁岩や石灰岩やチョークで覆われている。カンザス州西部のナイオブララ・チョーク層では、巨大な海生爬虫類や途方もない大きさの魚類、海生カメ（図1・3参照）、そしてアンモナイトからさしわたし一・七メートル以上の二枚貝などのような多種多様な無脊椎動物まで、数多くの海生化石が採集できる。

オーストラリアの海の怪物

だが一世紀以上前にはこのことを知る者はいなかった。一八九九年、アンドリュー・クロンビーという人物が、オーストラリア、クイーンズランド州ヒューエンデンの自宅の近くで、六個の円錐形の歯を含む骨のかけらを発見した。この破片はやがてクイーンズランド博物館にたどり着き、一九二四年に館長だったヒーバー・ロングマンによってクロノサウルス・クイーンズランディクスと命名された（属名はクロノスとギリシャ語の「トカゲ」から、種小名は発見地にちなむ）。

名前の由来となったクロノスは、ギリシャ神話に登場する巨神族ティーターンの一人だ。クロノスは両親であるウーラノスとガイアを倒した後、自分の子どもに権力を奪われることがないように、一人を残してすべての子どもたちを飲みこんだ。妻のレアーは生まれたばかりのゼウスを守り、偽って産着で包んだ石をクロノスに食べさせた。やがてゼウスはクロノスを倒し、兄弟を吐き出させた。吐き出された兄弟もギリシャの神々になった。ゼウスはクロノスをタルタロスと呼ばれる奈落に幽閉した。明らかにロングマンは、この名前を使うことで標本の巨大なサイズを想起させようとした。後にクイーンズランド博物館の科学者らが、クロンビーが発見した場所を調査すると、頭骨の一部を含むクロノサウルスの化石がさらに見つかった。

ハーバード大学比較動物学博物館がこの巨大な標本の話を聞きつけて、その地域に調査チームを派遣した。一九二七年にハーバード大学を卒業し、大学院生となった駆け出しの古生物学者のウィリアム・E・シェビルが、一九三一年の終わりごろに六人からなるチームを率いて遠征を行った。二〇代半ばで団長を引き受けたシェビルは、屈強な男で、石灰岩を割るために三キログラムの大ハンマーを持ち歩き、歩きながら空中に放り投げてキャッチすることができたという（後にウッズホール海洋研究所を拠点とするクジラのエコーロケーションとコミュニケーションの専門家になった）。チームは博物館のためにあらゆる種類の自然史の標本を採集するように指示されていた。館長のトーマス・バーバーの言葉を借りれば、「我々はカンガルー、ウォンバット、タスマニア・デビル、フクロオオカミの標本を希望する」ということだった。一年後、調査チームはハーバード大学に一〇〇種以上の化石哺乳類と数千の昆虫を持ち帰った。

ハーバードの調査チームがアメリカに帰った後、オーストラリアに残ったシェビルは、リッチモンドとヒューエンデン周辺の下部白亜系の地層を調査する探検を行うために地元の人を数人雇った。オーストラリア人の古生物学者ジョン・ロングによれば、シェビルはオーストラリア博物館に参加を持ちかけたが興味を示されず、クイーンズランド博物館にはその計画を行うための予算はなく、手伝える人材もいなかったという。

一九三二年に調査チームはグランピアン・バレーとヒューエンデンに到達し、そこで小さなクロノサウルスの吻を発見した。そして、ステーション（オーストラリアの言葉で大牧場を指す）のオーナーのラルフ・ウィリアム・ハスラム・トーマスから、彼が所有するアーミー・ダウンズという八一〇〇ヘクタールの土地に巨大な骨が何本かあるという話を聞かされた。それらはどうも長年地面に横たわったままらしいが、重すぎて動かすことも採集することもできない代物だった。ハンマーやのみを使って歯を一、二本折り取るのがせいぜいだった。そのため、ハーバードのチームが来るまで、誰もその骨に興味を持っていなかった。

調査チームはボウヒニアの大木の下で野営し、新鮮な肉を得るために定期的に狩りをした。ある午後、地元の一家が彼らのもとを訪れ、新鮮な牛肉はいらないかと尋ねた。「結構です。肉は間に合っています」と彼らは答えた。エミューの脂で揚げたカンガルーの肉に加え、風味の強いチーズと糖蜜を食べて生きていたのだ。

骨は厚みのある硬い石灰岩の団塊にすっぽり包まれていたため、そのほとんどを発掘するのにダイナマイトを使用しなければならなかった。マニアックというニックネームを持つシェビルの助手は、ダイナマイトを使って骨を地面から取り出して輸送しやすい破片にするのがうまかった。地面から出ていた骨のほとんどは風化して壊れており、団塊の奥深くにあったものだけが残った。頭骨の後ろの部分は見あたらず、脊椎の多くと肋骨、骨盤、肩甲骨も失われていた。最終的に、八六の木枠で梱包された化石の重量は五・五トンを超え、一九三二年十二月一日にカナディアン・コンストラクターと

▲**図 4.1**　クロノサウルスの骨格
大きさがわかるように古生物学者アルフレッド・ローマーの妻のルースが立っている。ハーバード大学の比較動物学博物館に展示されている

いう蒸気船でボストンに輸送された。そして、ギプスで固められた重たいブロックが博物館の地下にあるクリーニング室に運びこまれ、ハーバードのクリーニングの専門家ら（「恐竜ジム」・ジェンセンとアーニー・ミラーを含む）がゆっくり仕事に取りかかった。厚い石灰岩の団塊はのみを使ってゆっくり着実に削り取らねばならなかったし、標本の一部を掘り出すには、削《さく》岩《がん》機を使って頑丈な岩石を割らなければならなかった。

最初に頭骨がクリーニングされたが、残りの骨格をクリーニングするという恐ろしく難しい仕事を推し進めるだけの力はなかった。その後、一九五六年になって、代々ウミヘビを追跡したり観測したりしてきたという裕福な支援者が、その化石に興味を示した。彼は残りの骨格のクリーニングを三年間で終わらせるのに必要な資金を博物館に提供した。そして、一九五九年にクロノサウルスのほぼ完璧な骨格がハーバード

▲**図 4.2**　オーストラリア、クイーンズランド州リッチモンドにあるクロノサウルス・コーナー

に展示された（図4・1）。展示されている自分の化石を見るために、九三歳になったラルフ・トーマスがハーバードで行われたお披露目会に招かれた。彼が博物館のチームに最初に化石を見せてからじつに二七年後のことだった。トーマスとシェビルは涙の再会を果たした。お互いに相手が第二次世界大戦で死んでしまったと思っていたのだ。

現在クイーンズランド州リッチモンドにはクロノサウルス・コーナーという小さな地域博物館がある。その博物館の前には、前期白亜紀にクロノサウルスが生きていた姿を想像できる実物大のコンクリート製レプリカが展示されている（図4・2）。

クロノサウルスはオーストラリアで発見された後に別の場所でも発見された――コロンビアだ。一九七七年にモニキラの農民が畑を耕している最中に巨礫をひっくり返した。後でその岩を見てみると、中に化石があることに気がついた。彼から知らせを受けたコロンビアの科学チームが発掘を開始した。結局それはほぼ完全なクロノサウルスの骨格であることが判明した。これまでにコロンビアで発見された中で最良の化石の一つだ。その化石は古生物学者のオリバー・ハンペによって、一九九二年に新種クロノサウルス・ボヤセンシスとして記載された。

海の怪物の王——プレデターXの正体

クロノサウルスは真に驚きの生物だ。頭骨は三メートル近くあり（図4・3）、前のひれは三・三メートルに及び、体の長さは約一二・八メートルある。しかし、最近の研究で、失われたパーツを復元する際に、クリーニングをした人たちが脊椎を多く入れすぎた可能性があることが指摘されている。そうであれば、長さは一〇メートル程度だったのかもしれない。比較動物学博物館の標本は、一つの展示室の壁をまるまる覆っており、はじめて見る者を圧倒する（図4・1）。「恐竜ジム」・ジェンセンの息子の話では、ジェンセンは一連の幕やほかのトリックを使い、その場に固定するために溶接した鉄棒や支えをほぼ隠しながら化石を壁に取りつけたという。彼のねらいはその標本が空中に浮かんでいるように見せたり、生きている生物が水の中を泳いでいるかのように見せたりすることだったが、

▲図 4.3　クロノサウルスの頭と体の復元

たしかにそう錯覚させる展示だ。

クロノサウルスは首長竜という海生爬虫類に属する最大級の種で、首長竜にはプリオサウルス類とプレシオサウルス類という二つの系統が含まれる。首長竜の形態は頭や首以外は基本的に似通っている。活発に泳ぐ生物で、前と後ろの巨大なひれを使って白亜紀の海を泳ぎまわっていた。遊泳に使う力強い筋肉を固定するために、腹部にいくつかの骨板からなる巨大な肩帯《けんたい》と腰帯《ようたい》を持っていた。また、肩帯と腰帯の間には腹の肋骨（腹肋骨）があり、腹部がさらに補強されていた。

多くの標本では、肋骨の中の胃があった場所に滑らかな石が見られ、バラストとして使うために石を飲みこんでいたと考えられている。また、クイーンズランドで見つかった標本の胃の中には食べ物の化石も含まれており、クロノサウルスが海生カメや小さな首長竜を食べていたことが判明している。巨大なアンモナイトやダイオウイカの化石も同じ地層から発見されており、それらもまた彼らの餌だったのはほぼまちがいない。さらに、同じ地層から見つかっているエロマンガサウルスという首長竜の頭骨には大きな嚙まれた傷痕があり、クロノサウルスに攻撃された痕だとみられる。

人気のテレビ番組「ウォーキング with ダイナソー～驚異の恐竜王国」（英BBC）を見たことがある人は、ヨーロッパに生息していたリオプレウロドンという大型の首長竜を知っているだろう。その生物はジュラ紀に恐竜やあらゆる生物を捕食していた二五メートルを超える怪物として描かれていた。その大きさは、シロナガスクジラを含む最大級のクジラ類に近い（図4・4）。

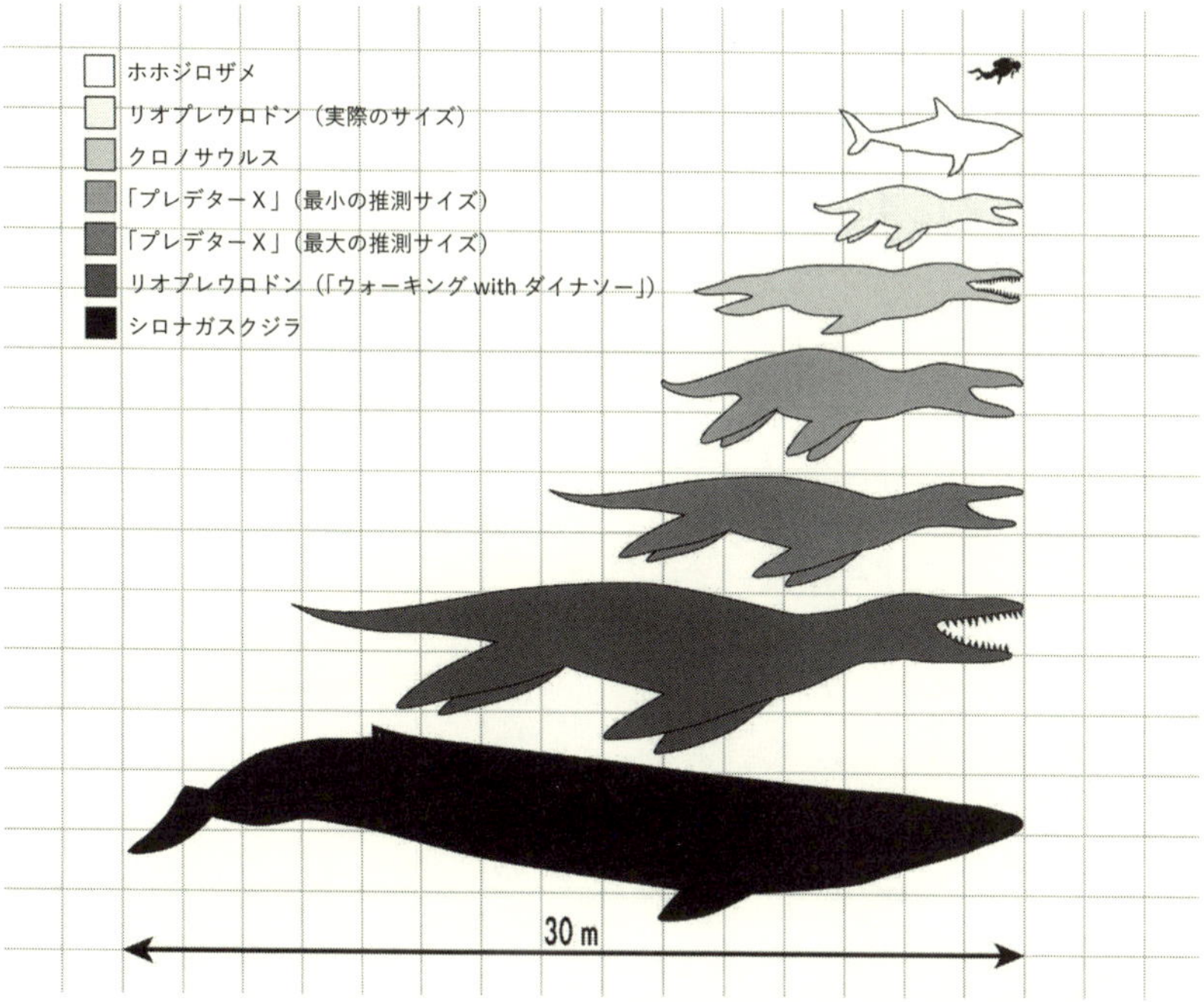

▲図 4.4　首長竜リオプレウロドンとクロノサウルス、ホホジロザメとシロナガスクジラの大きさの比較
「プレデターX」の誇張されたサイズとテレビの特番で紹介された巨大なリオプレウロドンの大きさも示されている

残念なことに、多くの古生物学者が知っている通り、そうしたテレビの特番はドラマチックなストーリーを優先させて、事実をないがしろにする傾向にある。先史時代の動物に関するドキュメンタリーを制作する際に相談を受けたり、番組に出演したりした経験が数えきれないほどあるので、わたしにはそれがいやというほどわかっている。脚本家やプロデューサーにいくら訴えても、わくわくするストーリーに仕上げるために書きかえられてしまうのだ。

アニメーション製作スタジオに脚本が届いた時点で、もう科学なんてどこへやら。ほとんどの場合、アニメーターが描くものは完全に空想なのだ。先史時代の動物の骨だけでは色を復元することはできないし、実際にどうやって動いていたのか、どのような鳴き声だったのか知るすべはない。ドキュメンタリーの中で描かれる、彼らがどのように交流していたのか、家族の中でどのようにふるまっていたのかなどの「物語」はすべて空想の産物なのだ（ほんの少しは現生の動物の研究から導かれてはいるが）。

悲しいかな、一般の人はこれ以外に古生物学にふれる機会がないことが多いので、古生物学は視聴者に受けそうな、科学的データにもとづいていない色や習性や鳴き声が詰まった絶滅した動物の映画をつくるだけの学問だと勘違いしてしまう。

実際、そのような大きさを示唆するリオプレウロドンの完全な標本は存在しない。見つかっているのはおもに頭骨と顎、そして個別の骨である。完全な骨格で最大のものは、テュービンゲン大学地質学古生物学博物館に展示されているのだが、たった四・五メートルしかない。頭骨から体の長さを見積もる新しい方法によると、最大の頭骨は、体の長さがおよそ五〜七メートルの動物のものだったとみられ、一〇メートルというクロノサウルスの修正された長さにさえ遠く及ばない。

ヒストリーチャンネル（アメリカ）は二〇〇九年に「プレデターX」という先史時代のある動物を取り上げたセンセーショナルな番組を放送した（図4・4参照）。その番組は北極海のスヴァールバルで発見された大きなプリオサウルス類の化石をもとに制作された。その動物はドキュメンタリーの中では一五メートル、重さ五〇〇〇キログラムと紹介された。二〇一一年の「プラネット・ダイナソー」（英BBC）というシリーズの中でも、誤解を生む同じ情報が繰り返された。史上最大のプレデター（捕食者）という主張が大きな関心を呼び、どちらの番組も各種メディアで大きく取り上げられた。

案の定、その標本が最終的に発表され記載されてみると、誇大な宣伝よりも全然たいしたことがなかった。化石はいくつかの顎のパーツと数個の脊椎、そしていくつかのひれのパーツしかなかった。たしかに大きいが、そのように不完全な化石から動物の大きさを正確に見積もることはできない。「プレデターX」のもともとの制作者らは推定値を下方修正して一〇から一二・八メートルに引き下げた。これはクロノサウルスと同等の大きさだ。「プレデターX」は、現在は公式にプリオサウルス・フンケイと命名され、わたしたちは宣伝に踊らされてがっかりし、フンケイにすっかり憤慨したのだった。

体の長さと大きさを確実に見積もれるほど完全にわかっているのはクロノサウルスだけだ。はるかに完全な巨大プリオサウルス類が発見されるまでは、それ以外は単なる想像の産物であり、マスコミのばか騒ぎでしかない。

海原の長い首——プレシオサウルス

首長竜のもう一つの系統はプレシオサウルス類で、エラスモサウルスが有名だ。クロノサウルスなどのプリオサウルス類はしっかりした長い吻と短い首を持つが、プレシオサウルス類は反対の方向に進化した。つまり、頭が小さく、首が非常に長いのだ。メアリー・アニングによるプレシオサウルスの発見以降（それは初のプレシオサウルス類だった〈図4・5〉）、たくさんのプレシオサウルス類が見つかっている。これらの生物の体の長さはプリオサウルス類と同じくらいではあるものの、体重はまちがいなく軽かった。とはいえ、プレシオサウルス類は巨大だ。最大級の一つのエラスモサウルスは、完全な標本がいくつか見つかっており、最大のものは一四メートルで、体重は二〇〇〇キログラムと推定されている。プリオサウルス類とは異なり、プレシオサウルス類はおそらく速く泳ぐことはできなかったが、四つのひれをすべて使ってゆっくり進んでいた。

▲**図 4.5**　ヨークシャーのケトルネスで発見された首の長い首長竜ロマレオサウルス・クランプトニ
大英自然史博物館（ロンドン自然史博物館）に展示されている

化石の発見以降、プレシオサウルス類は首が長く、ヘビのようにくねくね動き、頭をあらゆる方向に簡単に向けられる生物として復元されてきた。今でもほとんどの復元がそうなっている。

しかし、首と頭の重さ、首の限られた筋肉、そして頸椎の動きによる制約などに関する最近の分析では、首を自由自在には動かせなかったことが示されている。それらの研究からは、首は半固定で、しっかり曲げることはできず、ヘビの首というよりも釣り竿のようだったと考えられる。

また、白鳥のように水面から首

を持ち上げることもできなかっただろう。

首を曲げることができず、好きな方向に素早く向きを変えることもできなかったと仮定し、自由自在に動く首を必要としないいくつかの摂食様式が提案されている。その一つに、首が長いため、獲物に気づかれずに海の深いところにひそんでいられたという説がある。魚やイカやアンモナイトの群れに向かって頭をつき上げ、巨体が引き起こす波が到達して動きを獲物に知られる前に餌を捕まえたという。プレシオサウルス類の眼が非常に大きいこともこの説と一致する。

また、プレシオサウルス類は海底生物で、獲物を捕まえるために海底の泥の中に首をつっこんで進んでいたのではないかという説もある。ほとんどは長い釘のような前につき出た歯を持っており、これは魚やほかの水生の獲物をつき刺すためのもので、よく見られる適応だ。クリプトクリドゥスやアリストネクテスなどのプレシオサウルス類には小さな鉛筆のような歯が数百本生えており、プランクトンを食べていたか、海底の泥を濾して小さな食べ物を得ていたのではないかとみられる。

だが、首が半固定だったことに懐疑的な科学者もいる。化石では軟部組織の多く（特に椎骨の間の軟骨）が失われているし、首の椎骨がそんなにも多くあるのだから、ある程度自由に動かせたのではないかというのだ。もちろんヘビの体のようにくねくね動かしたり、S字に曲げたりすることは不可能だったが、獲物に接近するために、首をかなり弓なりに曲げられたのではないかと主張している。

もしそうであれば、「半固定」仮説から示唆される巧妙な習性を持っていた可能性は低い。

首長竜は、体が大きいこと、ひれが体の真下にあること、後肢の骨が脊柱にくっついていないことやそのほかの特徴から、ウミガメがするように陸に上がって産卵のための穴を掘ることができた可能性は低い。それでも、首長竜のひれは地上をずるずる移動するには短すぎるのに、岩の上でぶざまに腹ばいになった姿で描きつづけられている。首長竜が完全に水生であったことは、最近記載された体内に胚がある化石から確認されており、子どもを水中で産む胎生であったことが示されている。

海の怪物の起源

この驚くべき動物はいったいどこから来たのだろうか。幸運なことに、首長竜に似ても似つかない爬虫類から進化したことを示す、首長竜の起源に関するすばらしい化石記録が存在する。

首長竜のもっとも古い類縁は、マダガスカルのペルム紀（二億七〇〇〇万年前）の地層から発見された、クラウディオサウルスという爬虫類だ（図4・6）。この生物は、原始的なほかの多くのペルム紀の爬虫類にそっくりだが、頭骨と口蓋のいくつかの重要な特徴から、広弓類と呼ばれる初期の海生爬虫類のグループに識別される。このグループには首長竜と魚竜の両方が含まれる。部分的に水生だったようで、泳ぐ際に前肢のストロークの妨げになる可能性がある胸骨がない。したがって、トカ

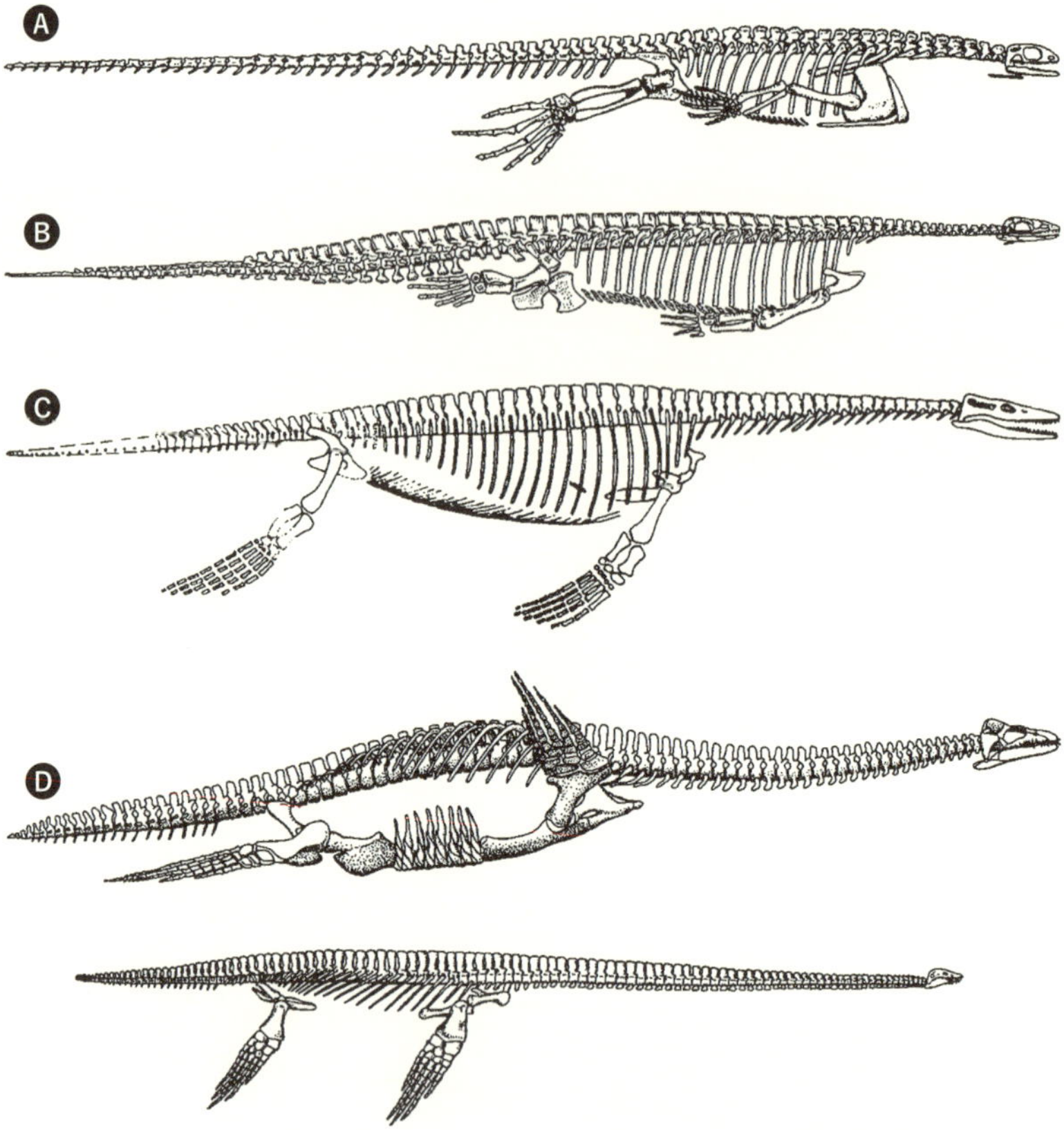

▲**図 4.6**　遠い類縁関係にある爬虫類から非常に特殊化した首長竜への移行を示す化石

A：マダガスカルのペルム紀の地層から発見された原始的な爬虫類、クラウディオサウルス。広弓類の特徴を少しだけ持つが、首がまだ短く、尾が長く、まだひれに変化していない比較的大きな手足を持っていた

B：ノトサウルス類のパキプレウロサウルス（三畳紀）。首が長くなり、尾は頑丈になり、手足が遊泳用に変化している

C：原始的な真の首長竜、ピストサウルス（三畳紀）。首が長くなっており、頭骨も長く、尾は短く、四肢が部分的にひれに変化していた

D：進化した首長竜、クリプトクリドゥス（上）とヒドロテクロサウルス（下）。首がさらに長くなり、頭は小さく、尾も短くなり、四肢が完全にひれに変化していた

ゲ類に特徴的な脚を交互に動かすパターンではなく、前肢と後肢の両方を一緒に動かして泳ぐことができた。四肢は長く、指が非常に長いので、水かきがあったと考えられる。実際、脚の比率と骨格の特徴がガラパゴスのウミイグアナに似ていることを多くの科学者が指摘している。

三畳紀（約二億五〇〇〇万～二億一〇〇〇万年前）には、ノトサウルスと呼ばれる原始的な水生爬虫類の大きなグループがいた。ノトサウルスも大きなトカゲのサイズ（一メートル以下）で、ほとんどクラウディオサウルスに似ていた。だが、すでに首長竜の長い首と魚を捕獲するための長い吻を獲得していた。四肢の多くの骨は軟骨に退化していたが、それは水生の脊椎動物によく起こることだ。ノトサウルスの肩帯と寛骨《かんこつ》には、首長竜の肢帯に見られる頑強な板のような骨の兆しが見られる。

首長竜への最後の移行化石は、ドイツの中期三畳紀の地層から発見されたピストサウルスだ。シンプルな吻のある原始的な頭骨を持っていたが、口蓋はさらに進化した首長竜のものによく似ていた。体のそのほかの部分は首長竜とトカゲの中間で、長い首、分厚い体、よく発達した腹肋骨を持ち、四肢は首長竜のひれと特殊化していないノトサウルスの脚の中間型である。手足の長い骨は数十の指節骨に変わり、首長竜のひれにあるシンプルな円盤形の骨に変化していた。

要するに、首長竜は風変わりで非常に特殊化しているように見えるかもしれないが、その系統は巨大な海の怪獣になる兆しのないトカゲにまでさかのぼることができるのである。

ネス湖の怪獣?

一九三〇年代ごろから、スコットランドのネス湖に巨大な爬虫類の怪物がすんでおり、さらにそれは首長竜の生き残りであると多くの人が主張してきた。ネス湖の不思議を維持する一大産業が生まれ、伝説をもっともらしく思わせるテレビ番組が次々と放映されている。ダニエル・ロクストンとわたしが示したように、実際に爬虫類のネス湖の怪獣（ネッシー）が存在する可能性はない（あなたがチョウザメのような異常に大きな魚を思い浮かべているのでなければ）。理由は無数にあり、さまざまな証拠から明らかだ。

生物学的理由

ネス湖周辺の気候は寒すぎるので、非常に長い間変温の大型爬虫類が生きていくのに適していない。実際、スコットランドにはたった二種類のトカゲと二種類のヘビしか生息しておらず、しかも、現在の地球は比較的暖かい間氷期にある。

基礎的な生物学によれば、もし首長竜が絶滅して以来六五〇〇万年も生きてきたのであれば、ネッシーがたった一匹しかいないはずはなく、集団が存在しなければならない。もし集団が存在するのであれば、ネス湖やほかの大きな湖で死ぬすべての動物と同様に、骨や死骸が常にたくさん見つかっているだろう。だが、骨の破片一つ見つかったことはない。

さらに、捕食性の爬虫類の大きな集団を支えるにはネス湖は小さすぎるし、資源も足りない。動物の体が大きくなればなるほど、食物を十分得るためには、より大きな行動圏が必要なのだが、ネス湖の場合は、たった一匹のモンスターを養うのさえままならない大きさだ。実際、ネス湖は隅から隅までレーダーで調べられているし、何度となく隅々まで底をさらって調査しているので、巨大な生物が気づかれずにひそんでいる可能性はない。

古生物学的理由

首長竜の化石記録はすばらしく、また、首長竜が絶滅した後の哺乳類時代の海生脊椎動物の化石記録も優れている。ほかの大型の海生動物（サメ、クジラ、アシカやトド、マナティー）の化石は、カリフォルニア州のシャークトゥースヒル（『11の化石・生命誕生を語る』第9章）やチェサピーク湾のカルバートクリフスなどでごく普通に発掘されているにもかかわらず、六五〇〇万年よりも新しい岩石から首長竜の骨は一つも発見されていない（首長竜の骨は非常に特徴的で識別するのが容易なのだが）。大型の化石は保存状態が良好な可能性が非常に高く、首長竜が六五〇〇万年前に絶滅したという決定的な証拠である。

地質学的理由

ネス湖はたった二万年前まで約一・六キロメートルの氷に覆われていた氷食谷で、二五〇〇万年間、氷の下にあった。もしモンスターが湖に隠れていたのだとしたら、安っぽいSF映画のように、動く氷河の中に数百万年も閉じこめられていたというのだろうか。そうでなければ、いつそこにやって来たのだろうか。さらに、ネス湖に来る前にほかの場所に隠れていたのなら、なぜ化石が見つかっていないのだろうか。さらに、ネス湖は陸地に囲まれ、海面より高い湖であるため、大きな海の生物が移動してくる方法がない――特に、首長竜は陸上を這って進めないのだから。

文化的理由

ロクストンとわたしが示したように、ネッシーに関する首長竜という説は最近でっち上げられたものである。湖にすむ不思議な生物についての古い漠然とした報告には見あたらないのだ。伝説によれば、その生物は「水の馬」と呼ばれ、首長竜に似たところは何もない。そのかわりに、首長竜説は、ジョージ・スパイサーというたった一人の人物が一九三三年に「キング・コング」の中で首長竜を見た後に出現した。彼とアルディー・マッケイという女性がモンスターを目撃したと主張し、新聞やほかのメディアがその出来事を報じつづけたのだった。

それに加えて、その報道が始まってからは、数知れないでっちあげが横行し、伝説がどんどん大きくなっていった。ネッシーと聞いてすぐに思い浮かべる有名な「外科医の写真」もその一つだ。いたずらの主犯が死んでから、おもちゃの潜水艦に偽物の「頭」をつけて撮影したものであることが判明した。ほかには、防水シートで覆い、ロープと「ネッシーのひれ」を取りつけた干し草の束を水に浮かばせたものや、きめの粗い水中の泡の写真をただトリミングしたものなどがある。

要約すると、ネッシーの存在は科学的に完全に不可能であり、入手できるほぼすべての証拠から嘘であることが証明されている。ネッシーの存在を唯一支持するのはあいまいな「目撃情報」であり、人間の目や脳は簡単にだまされてしまうため、科学的調査においては目撃情報ほど信頼できない証拠はない。首長竜は魅力的な生物だった。今もなお地球の海を泳いでいるとすれば、さぞかし恐ろしいだろう。だが、ネス湖の怪獣伝説が生きつづけているにもかかわらず、彼らは完全に死に絶えたのである。

自分の目で確かめよう！

クロノサウルス・クイーンズランディクスの骨格は、今でもマサチューセッツ州ケンブリッジにあるハーバード大学比較動物学博物館のメイン・ホールの目玉である。オーストラリアではもともとのクロノサウルスの化石がサウス・ブリスベンのクイーンズランド博物館に展示されている。クロノサウルス・ボヤセンシスのほぼ完全な骨格は、発見されたその場所に展示されており、近くのビジャ・デ・レイバの町の人々によってその上に化石博物館が建てられた。

ヨーロッパでは、多くの博物館で首長竜の化石を見ることができる。イギリスでは、メアリー・アニングがライム・リージスで発見した化石の多くがロンドン自然史博物館とライム・リージス博物館に展示されている。プリオサウルス・ケワニの最大の頭骨は、ドーチェスターのドーセット州立博物館に所蔵されている。ドイツには首長竜（特にホルツマーデン産）を展示する博物館が多く、ベルリンにある自然史博物館（フンボルト博物館）、フランクフルトのゼンケンベルク自然博物館、シュツットガルト州立自然史博物館などで見ることができる。展示されている唯一のリオプレウロドンの完全な骨格はテュービンゲン大学地質学古生物学博物館にある。

アメリカには首の長いエラスモサウルス類を展示する博物館が多くある。特に白亜紀のカンザス州の西部内陸海路から発見された化石を見ることができる。ニューヨークのアメリカ自然史博物館、ローレンスにあるカンザス大学生物多様性研究所自然史博物館、デンバー自然科学博物館、ラピッドシティにあるサウスダコタ・スクール・オブ・マインズ&テクノロジーの地質博物館、カンザス州ヘイズのフォートヘイズ州立大学にあるスターンバーグ自然史博物館などで見られる。また、ロサンゼルス自然史博物館にはカリフォルニア州のモレノヒルズの白亜紀の地層から見つかったモレノサウルスというエラスモサウルス類が天井から吊されており、最近記載された体内に胚がある母親の首長竜の骨格も展示されている。

ニュージーランドのダニーデンにあるオタゴ博物館にはニュージーランドで発見された首長竜が展示されている。

第5章 最大の捕食者・ギガノトサウルス

巨大な肉食獣

これまでに記載されてきた、いかなる肉食の陸生動物をも凌駕するこの動物の大きさにちなみ、わたしはティラノサウルスという新しい属にすることを提案したい……実際、この動物は大型肉食恐竜の進化のきわみである——手短に言えば、わたしが授けた威厳があり堂々としたグループ名にふさわしい。

——「ティラノサウルスとそのほかの白亜紀の肉食恐竜（*Tyrannosaurus and Other Cretaceous Carnivorous Dinosaurs*）」

ヘンリー・フェアフィールド・オズボーン

「暴君トカゲの王」

一〇〇年に及ぶ宣伝のおかげで、ティラノサウルス・レックスは恐竜の中でもっともよく知られ、一番人気がある恐竜だろう。伝説的な化石ハンターのバーナム・ブラウンによって一九〇〇年にモンタナ州ヘルクリークで発見され、著名な古生物学者ヘンリー・フェアフィールド・オズボーンによって一九〇五年に記載された。オズボーンは「暴君トカゲの王」という意味の印象的な名前を授けたが、T・レックスという略称も同じくらいよく知られている。実際、ティラノサウルス・レックスはほとんど誰もが知っている数少ない学名の一つだ（自分たちの学名のホモ・サピエンスよりも有名だ）。ブラウンが発見した全部で五体の骨格が命名され記載されたときには、すでに見る者を圧倒する骨格の一つが、アメリカ自然史博物館に展示されていた（図5・1）。それはブラウンが発見したもののうちの四体目だった。オズボーンは最初の標本を記載した論文で、この恐竜は「大型肉食恐竜の進化のきわみである――手短に言えば、わたしが授けた威厳があり堂々としたグループ名にふさわしい」と述べた。

T・レックスはオズボーンのねらい通りにすぐに大々的に宣伝され、彼が新しく発表した標本に関して一九〇六年十二月三日のニューヨーク・タイムズ紙に掲載された記事では、その生物は「記録は

▼図 5.1　ティラノサウルス・レックスの古典的な展示
1910年ごろから1990年代初頭まで、アメリカ自然史博物館に展示されていた。このカンガルーのポーズは、T・レックスが尻尾を引きずった動きの遅いトカゲだという仮説によるものだった

残っていないが、もっとも恐ろしい好戦的な動物」で「動物界の王の中の王」「地球の絶対的な将軍」「密林の人食い王」だと報じられた。また、ニューヨーク・タイムズ紙の別の記事では、「いにしえのプロボクサー」や「最後の偉大な爬虫類であり、爬虫類の王」と呼ばれた。

先史時代を描く画家の草分けのチャールズ・R・ナイトが描いた復元図によって、T・レックスは一躍恐竜界の花形になった。それ以来、文化の象徴としてあらゆる媒体に登場している。

T・レックスが出てくる映画は、無声映画「スランバー山の幽霊」(一九一八年)から「ロスト・ワールド」(一九二五年)(『シャーロック・ホームズ』の著者アーサー・コナン・ドイルが一九一二年に発表した小説『失われた世界』がもとになっている)、「キング・コング」(一九三三年)、「ジュラシック・パーク」三部作、「キング・コング」の最近の二回のリメイク、映画とテレビシリーズの「リトルフット」まで多岐にわたる。テレビでは「バーニー&フレンズ」の主人公として知られているし、パレードの山車になったり、数千の商品になったりもしている。T・レックスという名前のイギリスのロックバンドさえもいた。

ほかの恐竜(や博物館の展示室にいる人々)の上にそびえるように立つ巨大な捕食者の姿は圧巻だ(図5・1)。古生物学者の故スティーヴン・ジェイ・グールドは、五歳のときにアメリカ自然史博物館に展示されたT・レックスの骨格を見て恐怖を感じたが、同時に古生物学を志そうと思ったという。

当然ながら、T・レックスが最初に発表され記載されて以降、一一〇年間で多くのことがわかった。

この生物に関するわたしたちの認識の一番大きな変更点はその姿勢だ。オズボーンが当初、化石の設置を指揮したときには、まるで二足歩行する大きなトカゲであるかのように、尻尾を地面に引きずる状態で骨が組み立てられた（図5・1）。この従来の考えはいまだに多くの玩具や書籍、古い製品などで散見される。しかし、一九七〇年代と八〇年代に、大型の捕食性恐竜が通った跡には、尻尾を引きずっていた痕跡がないことがわかった。T・レックスは（ほぼすべての恐竜と同様に）、尻尾を水平にのばし、腰と後肢の上でバランスを取っていたことが示唆されたのだ。多くの生体力学的研究によって、これが安定した姿勢であることが示された（図5・2）。この研究のおかげで、「ジュラシック・パーク」シリーズによって（著者で脚本家のマイクル・クライトンが研究結果にきちんとしたがったため）、T・レックスのこのバージョン（動きが速くて知的な捕食者で、腰の上で桁《けた》のようにバランスを取り、尻尾を真っ直ぐにのばしている）が広まり、今ではそれが浸透して、この恐竜の姿をもとにした製品がたくさん出まわっている。

どんどん増えるT・レックスに関する知識の中には、最近まで試みることが不可能だったさまざまな種類の研究結果が含まれている。例えば、咬合力の計算によれば、奥歯の力は約三万五〇〇〇〜五万七〇〇〇ニュートンだったとみられる。つまりホホジロザメの三倍、オーストラリアのイリエワニの三・五倍、アロサウルスの七倍、アフリカのライオンの一五倍の強さだ。より最近の研究では咬合力の推定値は一八万三〇〇〇〜二三万五〇〇〇ニュートンに増えており、カルカロクレス・メガロド

▲**図 5.2**　アメリカ自然史博物館にある現代的なポーズに据えつけなおされたT・レックス
ほかのすべての二足歩行する恐竜と同様に、後肢の上で体のバランスが取れるように、水平の体から尻尾をつき出した形で展示されている。背景には、現代的なポーズに据えつけなおすことができないので、そのまま古い額に入ったゴルゴサウルスの展示がある

ン（『11の化石・生命誕生を語る』第9章）の最大の標本の咬合力に等しい。

T・レックスの巨大な頭骨長は一・五メートルに及ぶが、蜂の巣のようにたくさんの穴や窪みや気嚢があって軽くなっている。水平の断面を見ると吻の先はU字型になっており、ほかの捕食性恐竜、または獣脚類のV字型の吻よりも強い咬合力があった。しかし、幅の広い頭骨の後部に比べると吻は狭いため、眼が前向きについており、すばらしい両眼視が可能で、立体視ができ、正確に距離を推定することが可能だった。巨大な歯（根の先端から歯冠の先端までの高さは最大で三〇センチメートル）は後方に反っていて、バナナ大のステーキナイフのような形をしており、肉をさっと切るギザギザした筋があり、後ろに補強のための筋がある。門歯は断面がD字型をしており、嚙みついて引っ張るときに折れにくくなっていた。

では、彼らは何を食べていたのだろうか。ティラノサウルス類にしかつけられない傷痕が見られる恐竜の骨が無数にあるし、ティラノサウルス類の化石で、ほかのティラノサウルス類に嚙まれた傷が治癒したことを示すものもいくつかある。顔や首にティラノサウルス類の折れた歯が埋まっている化石まで発見されている。明らかにT・レックスは多くの種類の恐竜を食べ、お互いに戦ってもいた。

ティラノサウルス類の食性に関する主要な議論として、彼らが純粋なプレデター（捕食者）だったのか、おもにスカベンジャー（腐肉食者）だったのか、というものがある。多くの論争と同じで、この問題も、二つの選択肢が互いに排他的なものとしていたずらに語られがちだが、単純化されすぎた議論よりも自然というものは常に複雑だ。大型哺乳類の捕食者のほとんど（ライオン、トラ、ジャガー、ピューマ）はプレデターでありスカベンジャーでもある。獲物を捕まえるのは非常に難しいことなので、選り好みをしている余裕はなく、腐肉を見つけたときには腐肉を食べ、ほかに選択肢がないときには新鮮な肉を求めて狩りをする。また、ほかのティラノサウルス類に嚙まれた痕があり、部分的に食べられたティラノサウルス類の死骸の化石も見つかっており、共食いもしていたと考えられる。

ほとんどの獣脚類と同様に、T・レックスの首はS字に曲がっている。ほかの多くの獣脚類に比べると短いものの、首が非常に頑丈でたくましく、獲物をしとめたり肉を引きちぎるために首をふったりするときに、とてつもない力を出すことができた。驚くほど小さい手には、機能する指がたった二本しかない（たいてい三本あるように描かれるが、よくあるまちがいだ）。実際、ほとんどの捕食性恐竜はたった三本しか機能する指を持っていないのだが、大衆メディアでは五本指として描かれることが多い。あまりにも小さい腕にどのような機能があったのか諸説あるが、短くてほとんど機能しない前肢というのは進化した獣脚類の多くに見られる。とはいえ、T・レックスの腕は異常に小さい。さらに重要なのは、獣脚類の頭骨と顎が大きくなればなるほど、腕はどんどん小さくなる。このことは、彼らが「力強い噛みつき」に特殊化し、力強い首と顎を使って完全に殺すことに特化していたことを示している。腕は退化してただ残ったもので、必死にもがく獲物を押さえこむためには使われていなかった。

かつてはティラノサウルスの化石は比較的めずらしく、部分的な骨格がたった五体しか知られていなかった。だが、過去二〇年のうちに、化石ハンターが殺到して莫大な労力を注いだため（特にオークションで、「スー」と呼ばれる標本が手数料を含め八〇〇万ドル〔訳注：約一〇億円〕を超える額で落札されてからというもの）、今では部分的な骨格という形で五〇体以上が見つかっている。さまざまな年齢層の標本（赤ちゃんからティーン、若者からお年寄りまで）があり、一四歳ごろまで急速に成長して一八〇〇キログラムに達したことが見てとれる。その後、成体になって成長が遅くなるまでに、体重は毎年平均して六〇〇キログラムずつ増えていった。古生物学者のトーマス・ホルツの言葉を借りれば、ティラノサウルスは「生き急いで、早く死んだ」のだという。成長が速く、死亡率が高いのだ。それに比べて、哺乳類は大人になるまでに時間がかかり、その結果寿命が長い。

長きにわたって古生物学者は、豊富な標本を使って、化石の性別を決定しようとしてきた。さまざまな違いが提案されたが、ほとんどが有効ではなかった。性的二型による違いと考えられたものは、おもに集団間の地理的な差であることが判明した。しかし、まちがいなく性別がはっきりしている標本が一つある。モンタナ州で発見された通称「B・レックス」の骨には軟部組織が比較的よく保存されており、髄質組織も含まれているが、それは排卵している雌の鳥に特徴的なものだった。

鳥類はティラノサウルス類と類縁の獣脚類の子孫である(第7章)。ほとんどのティラノサウルス類の化石は骨だけで、皮膚や羽毛は保存されていないが、羽毛と一致する皮膚の印象が見られる化石もいくつかある。そして、中国の義縣組累層で小型のティラノサウルス類、ディロング・パラドクサスが発見されると、繊維状の羽毛またはふわふわの綿毛に覆われていたことがわかった。また、中国でユウティラヌス・フアリが発見されたことで、体のほぼすべての部分が羽毛(おもに繊維状またはふわふわの羽毛)に覆われていたことが証明された。この二つの標本は、ティラノサウルス類を復元するときには、伝統的に描かれてきたむき出しの皮膚ではなく、綿毛と長い繊維状の羽毛で覆われた姿にするべきであることを示している(「ジュラシック・パーク」シリーズの第四作目である「ジュラシック・ワールド」の中でさえも、いまだに羽毛のない恐竜として描かれている)。

標本が多く、また多くの古生物学者が広範囲に研究を行ってきたため、すべての捕食性恐竜の中でT・レックスが群を抜いてよく知られている。だが、ほかにはどのような大型捕食者がいたのだろうか。

アフリカで続々と大物化石が発見される

十九世紀後半、ドイツはほぼすべての科学分野、特に発生学や解剖学や進化生物学においてリーダーと見なされていた。とりわけ重要なのは、ヘンリー・フェアフィールド・オズボーンやウィリアム・ベリマン・スコットなどのアメリカ古生物学の草分けが現代でいう博士号(アメリカではまだ一般的に授与されていなかった)を取るかわりに修士課程後の研究をドイツで行ったことだ。

ドイツの考古学者らは、伝説的なカール・リヒャルト・レプシウスに率いられて、エジプト学を大いに前進させた。ハインリヒ・シュリーマンは現在のトルコ西部で古代都市トロイアを発見して発掘したし、ギリシャのミケーネでの最初の発掘も指揮した。ベルリンにある巨大なペルガモン博物館には、古代オリンピア、サモス、ペルガモン、ミレトス、プリエネ、マグネシアのすばらしい美術品や遺物、古代バビロニアとアッシリアの巨大な美術品や建物、エジプトの王妃ネフェルティティの有名な胸像などが収蔵されている。

また、ドイツの古生物学は最先端を走っていた。十八世紀後半から二十世紀にかけて、古生物学や関連分野をリードする学者の多くはドイツ人だった。有名な人物をあげると、古植物学の開拓者であるエルンスト・フリードリヒ・フォン・シュロトハイム（一七六四～一八三二年）、伝説的な探検家で生物学者のアレクサンダー・フォン・フンボルト（一七六九～一八五九年）、初期の地質学者レオポルト・フォン・ブーフ（一七七四～一八五三年）、ダーウィンのおもな支持者の一人であり、発生学者で動物学者のエルンスト・ヘッケル（一八三四～一九一九年）、もっとも広く使用された教科書の著者カール・アルフレート・フォン・ツィッテル（一八三九～一九〇四年）、非常に影響力のあった古生物学者のオットー・H・シンデウォルフ（一八九六～一九七一年）などがいた。

ドイツ国内にあるゾルンホーフェン石灰岩やホルツマーデン頁岩などの有名な化石産地を研究する学者もいたが、多くの古生物学者は、考古学者やほかの科学者のように海外、特にドイツの植民地だったアフリカの諸地域で調査を行った。例えば一九〇九～一一年にはヴェルナー・ヤーネンシュによって、ドイツ領東アフリカ（現タンザニア）のテンダグル層で恐竜化石の発掘が大々的に行われ、ギラッファティタン（元ブラキオサウルス）の目を見張るような完全な骨格が発見され（図6・5参照）（現在はベルリンにある自然史博物館〈フンボルト博物館〉に展示されている）、ステゴサウルス類のケントロサウルス（腰には板ではなく棘が生えている）や、そのほかのめずらしい恐竜もたくさん見つかった。

また、アフリカで調査した著名なドイツの古生物学者の中には、エルンスト・フライヘア・シュトローマー・フォン・ライヘンバッハ（一八七〇～一九五二年）もいた。ヤーネンシュがドイツ領東アフリカで調査を行っていたのと時を同じくして、シュトローマーは有名な一九一〇～一一年のエジプト探検の団長を務めた。カイロから出発した二回の遠征が比較的不成功に終わった後（そのうち一回は同僚のリチャード・マルクグラーフが現在のリビアで初期の霊長類の一つであるリビピテクスの化石を発見した）、シュトローマーとマルクグラーフはエジプトの極西の砂漠、リビアとの国境の東に位置するバハリヤ・オアシスに足を踏み入れた。そして、シュトローマーはついに一九一一年一月十八日に巨大な恐竜の骨を発見した。彼の言葉によると、彼が発見したのは、

三個の大きな骨で、発掘して撮影を試みた。上肢はひどく風化して不完全だったが、長さは一一〇センチメートル、太さは一五センチメートルある。その下にあった二番目のもっと状態がよいものはおそらく大腿骨で、長さはまるまる九五センチメートルあり、中央の厚みはこれまた一五センチメートル。三番目は地中にあまりにも深く埋まっているため、回収するのに時間がかかりすぎるだろう。

それから数週間かけて、シュトローマーはバハリヤ・オアシスでさらなる化石を掘り出したが、一九一一年の二月にはドイツに帰らねばならなかった。そして、竜脚類のエジプトサウルス、巨大なワニ類のストマトスクスやいくつかの獣脚類の破片（バハリアサウルス、最強の捕食者のカルカロドントサウルス、スピノサウルス）を含むすばらしい恐竜の化石の破片を記載し発表するのに数十年を費やした。

不幸なことに、バハリヤ・オアシスで発見された化石はすべてミュンヘン古生物博物館（バイエルン州立コレクションがある）に保管されていた。一九四四年六月六日のノルマンディー上陸作戦の準備として、その年の初頭には、連合軍がドイツのあらゆる大都市、特に重要な軍事目標がある都市を定期的に空爆していた。ベルリンのフンボルト博物館（ギラッファティタンやアーケオプテリクスのベルリン標本、ホルツマーデンから産出したたくさんのすばらしい魚竜などの貴重な標本がある）は何度も間一髪で難を逃れたが、隣にある駅が空爆で破壊されたこともあった。

一九四四年四月二十四日と二十五日の夜、イギリス空軍による大規模なミュンヘン空爆の際にシュトローマーの化石は（博物館に収蔵されていたそのほかの貴重な歴史的コレクションとともに）すべて破壊されてしまった。生物学者や古生物学者が何世紀にもわたって取り組んできた研究や収集してきたコレクションが、一夜にして跡形もなく破壊され、そのほとんどは、いったい何であったのか、どのような姿だったのか記録が残っていない。シュトローマーの標本で残ったのは、彼が描いた一九一五年からの科学的図版と展示会の写真、そして、近年になって発見されたいくつかの化石だけだった。

シュトローマーの探検で発見された化石でもっとも有名なのは、何と言ってもスピノサウルスだ。この恐竜は映画「ジュラシック・パークⅢ」のおかげで恐竜ファンにすっかりおなじみだ。ワニのような吻を持ち、背に帆がある巨大な二足歩行の捕食者として描かれており（図5・3、図5・4）、自分よりも小さいT・レックスを打ち負かして食べてしまうほどの大きさだ。

シュトローマーが描いたのは背中の帆を支えていた巨大な椎骨の棘のいくつかと、下顎、数個の歯、肋骨と数個の椎骨だけだった。椎骨の棘は非常に長かった（最大で一・六五メートル）。シュトローマーは、永遠に失われてしまった上顎の一部を描写していた（が図は描かなかった）。標本はたしかに巨大なのだが（下顎の長さは七五センチメートルあった）、不完全なため、スピノサウルスの実際の大きさや姿は推測の域を出ない。

一九九〇年代後半、ピーター・ドッドソンとマシュー・ラマンナ、ジョシュア・スミス、ケニス・ラコバラが率いるペンシルベニア大学の調査チームがバハリヤ・オアシスにもどった。化石がいくつか見つかったものの（竜脚類のパラリティタン・ストロメリが含まれるが、その種小名はエルンスト・シュトローマーに献名されたものだ）、スピノサウルスのものはあまりなかった。

スピノサウルスの化石は、一九四四年以降にモロッコとチュニジアでも発見されている。最近、

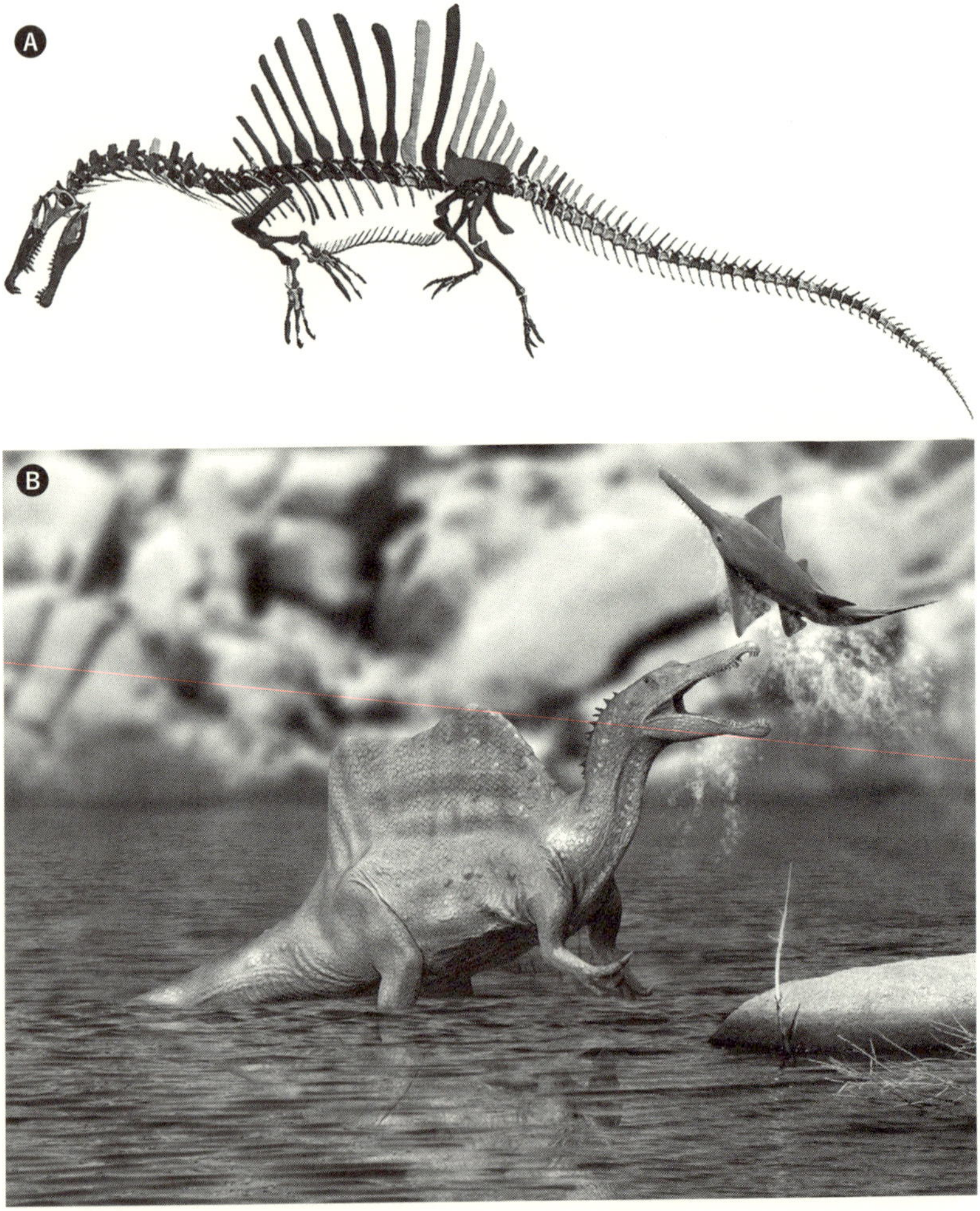

▲**図 5.3**　スピノサウルス
A：発見されている骨（濃い部分）。ニザール・イブラヒムとポール・セレノらの新しい研究によるもの
B：生きている姿の復元

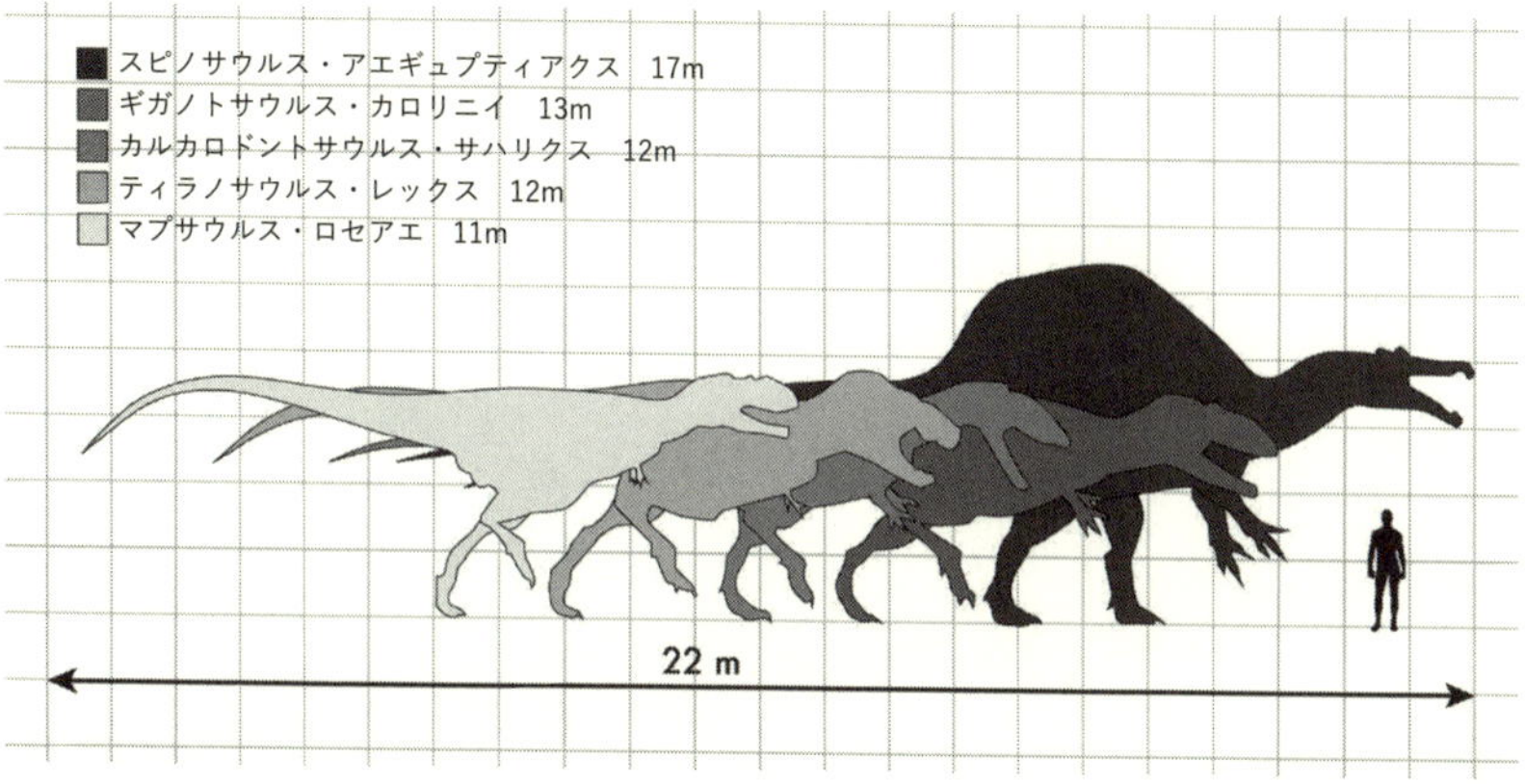

▲**図 5.4**　主要な獣脚類のサイズの比較
カルカロドントサウルスの巨大なサイズは、復元できるほど化石が完全ではないので憶測にすぎない。また、このスピノサウルスの描写は脚の長い復元にもとづくものであり、最近発見された脚が短く背の低い標本にはもう合わない

ポール・セレノと彼が教えていた博士課程修了後の学生ニザール・イブラヒムを含むチームがさらなるスピノサウルスの化石を発見し、新しい復元に関する大きな発表を行った。

それによれば、スピノサウルスの体は比較的細長く、腕と脚は著しく短くて、「ジュラシック・パークⅢ」で描かれていたような巨大化したT・レックスのような姿ではない（図5・3B）。細長い嘴《くちばし》はほかの恐竜を食べるための適応ではなく、魚をとるために進化したものだった。また、嘴には吻の途中に鼻腔があり、神経と血管もあり、水圧の変化を感知する助けになっていた可能性がある。これらすべてが、二足歩行の獣脚類のようではなく、ワニのように生きていたという説を裏づけている。

この身体的な証拠は骨の化学的な研究結果と

一致する。骨の化学的研究からは彼らが魚や水生の生物を食べていたことが示されている。また、四肢の骨の密度からは、ほとんどの時間を水中で過ごしていたと考えられる。例えばカバのような水生動物は、バラストとして機能する密度が非常に高い四肢骨を持っている。そのように太くて短い四肢で、はたして陸に這い上がることができたのかという大論争があるが、陸を速く走ったり、大きな恐竜を追いかけて殺したりすることができる捕食者ではなかったことはたしかだ。手の指は長く繊細で、小さな獲物をとるのに適していた。足骨の底は足の裏全体を使って歩くように平らになっていて、ほとんどの恐竜のようにつま先立ちの状態で歩行してはいなかった（前者を蹠行性《せきこうせい》、後者を指行性《しこうせい》という）。さらに、指が長く繊細なことから、手足には水かきすらあったのではないかと考えられている。

そしていよいよ背中の帆だ。帆は背骨の棘突起がのびて形成されており、スピノサウルス（「棘トカゲ」という意味）という名前の由来になっている。古生物学者なら誰しも、この特徴を説明するお気に入りの説を持っているが、水中を進むための本当の帆ではなかったという点、そして、あまりに大きくて目立ちすぎるので、実際のところ帆のせいでワニ類のように水面の下に沈んで身を隠すことは難しかったという点では意見がほぼ一致している。この帆は熱を集めたり逃がしたりする機能をはたしていたという説もあるが、そのような特徴を必要とした恐竜はほかにはほとんどいない。帆はシカの角に相当するもので、おもに種の識別や雄同士の優位性の顕示に使われたというのがもっとも一般的な説だ。

新発見のスピノサウルスの化石に関する大発表は、恐竜を専門とする古生物学者からはやや懐疑的な態度で迎えられた。いくつかの骨の復元（特に寛骨《かんこつ》）がまちがっている可能性があったのだ。それに加えて、その復元は複数の個体のパーツを組み合わせてできた骨格だった。実際、いくつかの骨は、残っていたシュトローマーの標本の写真からデジタルコピーしてつくりなおし、３Ｄプリンターで作成したものだった。

特にスピノサウルスの大きさに関する主張は話半分に聞くべきだろう。すっきりした体と短い四肢では、巨大な陸生捕食者の大きさや重さに遠く及ばなかったのはたしかだ。イブラヒムとセレノらの説では体の長さは一五・二メートルだが、実際にどの骨が発見されているのかを示す図（図５・３A）をよく見ると、尾骨はほとんど見つかっておらず、尾の復元（したがって、恐竜の全長）は推測の域を出ない。さまざまな推定値が出されてきたが、材料が足りないのでよく絞りこめないのだ。一九二六年にドイツの古生物学者フリードリヒ・フォン・ヒューネ（最初の化石を研究した）は一五メートル、重さ六トンと推定した。一九八八年にはグレゴリー・ポールも一五メートルと見積もったが、重さの推定は四トンに引き下げた。しかし、二〇〇七年には、フランソワ・テリンとドナルド・ヘンダーソンが新しい測定技法を使って、長さを一二・六から一四・三メートル、重さを一二から二一トンとし、それ以前のものよりも短いが重い推定値になった。

もし最大のT・レックスがおよそ一三メートルで一〇トンだったのだとすれば、スピノサウルスも似たようなサイズだったといえる。「ジュラシック・パークⅢ」とは異なり、T・レックスをおもちゃのようにこづきまわせるほど巨大ではなかっただろう。だが、すべての標本が不完全なので知るよしもない。

もしスピノサウルスが最大の捕食性恐竜であったことを確実に示すことができないのであれば、アフリカで発見された大型の獣脚類、カルカロドントサウルスならどうだろうか。カルカロドントサウルスは一九二四年に発見された恐竜で、フランスの古生物学者シャルル・ドペレとJ・サボルニンがアルジェリアの下部白亜系のケムケム層から巨大な歯をいくつか発掘した。その歯は、名前がついた最初の恐竜であるメガロサウルスの歯に似ていたので、「メガロサウルス・サハリクス」と命名された。じつは、一九一四年にシュトローマーがバハリヤ・オアシスでこの生物の頭骨の一部と、さらなる歯、鉤爪《かぎづめ》の骨、種々雑多の腰や脚の骨を発見していた。そして、ようやく一九三一年にシュトローマーが記載したときに、カルカロドントサウルス・サハリクスと名前が変更されたのだが、それはイギリスで発見されていたメガロサウルスにまったく似ていないからだった。

名前にふさわしく、その巨大な歯はホホジロザメ（カルカロドン・カルカリアス）の歯のサイズと形に似ている。残念ながら、シュトローマーのカルカロドントサウルスの化石は、スピノサウルスやそのほかの彼のコレクションのすべてを消し去った、一九四四年のミュンヘン爆撃で破壊されてしまった。

その不完全な頭骨は印象的ではあったが、多くが失われていた（さらに、残りの骨格のほとんどがわかっていなかった）ので、正確な復元や大きさの推定は不可能に思われた。初期の計算によれば、頭骨は肉食恐竜の中で最長だったが、重要な部分が欠けていた。それらが発見されると、頭骨の長さは約二メートルから一・六メートルに下方修正された。さらに最近の計測では、体の長さは一二〜一三メートル、重さは六〜一五トンとされており、それはスピノサウルスやT・レックスと同等のサイズである。だが、標本があまりにも不完全なため、この三種類の恐竜のどれが一番大きかったのか確定的なことは言えない（図5・4参照）。

その後、一九九五年にポール・セレノがサハラ地域で一連の探検を開始した。シカゴ大学のセレノのチームは、ドペレとサボルニンが歯を発見したアルジェリアの産地に近いモロッコのケムケム層で、カルカロドントサウルスのはるかに完全な頭骨を発掘した（図5・5）。ナショナルジオグラフィック協会の後援であったため、このカルカロドントサウルスと目を見張るようなほかの化石の発見は大きなニュースになった。命がけのサハラの探検（灼熱、命を奪われかねない砂嵐、悪路、危険な盗賊やテロリストたち）は、一九九六年に最初に取り上げられて以来、何度もテレビのドキュメンタリーで扱われている。

二〇〇一年にはセレノの昔の教え子であるハンス・C・E・ラルソンが、ほかの頭骨では知られていなかった耳の部分と脳函《のうかん》の詳細な分析を行った。二〇〇七年にはセレノと教え子のスティーブン・

▲図 5.5　ケムケム層で発見されたカルカロドントサウルスの頭骨
大きさがわかるようにヒトの頭骨が置かれている

ブラサットが、ニジェールのエッカー累層から発見された別の種、カルカロドントサウルス・イグイデンシスを記載し、発表した。この種もモロッコの化石と同じくらいの大きさだった。シュトローマーの最初の化石は戦禍で失われたため、セレノとブラサットはモロッコで新しく発見された頭骨を模式標本の差しかえ、つまり新基準標本に指定した。

カルカロドントサウルスのすでに見つかっている骨格の大部分は、一般的な獣脚類のようなつくりであるのに対し、その頭骨には特色が見られる（図5・5）。頭骨の天井はアーチ型になっており、T・レックスやほかの大型の獣脚類に比べて、頭骨の側面に異常に大きな穴がある。このため、頭骨が巨大であるにもかかわらず軽量化されていた。カルカロドントサウルスの脳は、近縁でより小さいアロサウルスの脳とほぼ釣り合うサイズだった。大きな視神経（と大きな眼窩）を持っていたことから、視覚が優れた捕食者だったとみられる。

スピノサウルスとカルカロドントサウルスの両方の標本があまりにも不完全で、T・レックスよりも著しく大きかったことを明確に示すことができないとなれば、史上最大の捕食者はいったい誰だったのだろうか。その恐竜はアフリカではなく、また別のゴンドワナ大陸の前期白亜紀の地層から発見された——発見場所は南アメリカだった。そして、それはカルカロドントサウルスの近縁種だった。

ティラノサウルス・レックスよりも巨大な肉食獣

スピノサウルスとカルカロドントサウルスとは異なり、すべての獣脚類の中で最大の可能性があるその恐竜は、かなり完全な骨格が見つかっている。アマチュアの化石ハンター、ルーベン・ダリオ・カロリーニによって、一九九三年にアルゼンチン南部の下部白亜系から発見された。その化石は一九九五年に、ロドルフォ・コリアとレオナルド・サルガドによって、ギガノトサウルス・カロリニイと命名された（属名はギリシャ語で「大きな南のトカゲ」、種小名はカロリーニにちなむ）。「ギガント・サウルス」と読みまちがえる人が多いが、正しい発音は「ギガノトサウルス」である。

アフリカから発見された大型獣脚類の標本とは対照的に、ギガノトサウルスは全体の約七〇パーセントが知られており、頭骨のほとんどと下顎、骨盤、後肢、そしてほとんどの背骨が見つかっている（図5・6）。見つかっていないのは前肢とほかのほんの一部だけだ。したがって、体の長さの推定値は比較的完全な骨格と頭骨と実際の後肢から導き出されたものであり、当て推量ではない。最大の頭骨と顎は一九八八年にホルヘ・カルボによって発見されたもので、約一・九五メートルあり、ほかのどの獣脚類のものよりも長い。

近縁のカルカロドントサウルスに似て、頭骨は細く、非常に軽くできており、アーチ型の天井と、

▲**図 5.6**　もっとも良好なギガノトサウルスの骨格
アルゼンチンのビージャ・エル・チョコンにあるアーネスト・バッハマン市立博物館に展示されている

骨の筋交いで囲まれたたくさんの穴がある。吻の上あたりと眼の上にボコボコした部分がある。頭骨の後ろの部分は前方に傾斜しているため、顎関節は頭骨と頸椎をつなぐ部分の後ろの下方にぶら下がっている。

頭骨が軽くできていることから、咬合力は強くなかったとみられる——T・レックスの推定値の三分の一しかなかったようだ。下顎にあるサメ類の歯のような鋭利な歯は、T・レックスのバナナ大の頑丈な歯のようにブルドック式に噛みつくのよりも、スライス状の傷を与えることに適していた。よって、より小型の獲物をねらっていた可能性があり、獲物となったのは竜脚類に属する小さなティタノサウルス類のアンデサウルス、ディプロドクス類のノプクサスポンディルスとリマイサウルス、さまざまなイグアノドン類、ヴェロキラプトルなどのドロマエオサウルス類と呼ばれる小型の捕食性恐竜、そのほかの多くの小型動物などだろう。これらはすべて、ギガノトサウルスが発見されたアルゼンチンの下部白亜系の層から見つかっている。

後肢とほぼ完全な脊柱、そして大まかな頭骨と骨格にもとづけば、ギガノトサウルスの最大の個体は約一四・二メートル、重さは六・五～一三・八トンだった。これは、T・レックスの最大の個体（一三メートル、八トン）よりもかなり大きい。したがって、史上最大の捕食者にもっともふさわしいのはギガノトサウルスである。

自分の目で確かめよう！

ティラノサウルス・レックスの骨格は世界中の多くの博物館に展示されているが、なかでも有名なものは以下の博物館で見ることができる。

ニューヨークのアメリカ自然史博物館（一番最初に展示された骨格）、ピッツバーグにあるカーネギー自然史博物館（ヘンリー・フェアフィールド・オズボーンのタイプ標本）、デンバー自然科学博物館（「踊っている」ポーズで復元されたものが入り口のロビーに吊されている）、シカゴにあるフィールド自然史博物館（物議をかもし、オークションで800万ドル［訳注：約10億円］で落札された「スー」と呼ばれる標本が展示されている）、モンタナ州ボーズマンのロッキー博物館（この博物館のキュレーターであるジャック・ホーナーはほかの誰よりも多く標本を発見している）、ワシントンD.C.にあるスミソニアン博物館群の一つの国立自然史博物館、ロサンゼルス自然史博物館（赤ちゃんから大人に近いものまで3体が展示されている）、バークレーにあるカリフォルニア大学古生物学博物館。スピノサウルスの新しい復元は、ワシントンD.C.にあるにナショナルジオグラフィック協会の本部に展示されている。

アルゼンチンではギガノトサウルスの骨格がプラサ・ウインクルにあるカルメン・フネス市立博物館とビージャ・エル・チョコンにあるアーネスト・バッハマン市立博物館に展示されている。アメリカではギガノトサウルスのレプリカがフィラデルフィアにあるドレクセル大学の自然科学アカデミーとアトランタにあるファーンバンク自然史博物館に展示されている。

第6章　最大の陸上生物・アルゼンチノサウルス巨人たちの大地

そのころ、ネフィリム（巨人）が地上にいた。

――創世記六章四節

地中の巨人たち

十九世紀初頭、絶滅した動物の驚異の世界は一般にはほとんど知られていなかった。あちこちで大きな骨が数本見つかっていたが、たいていは聖書の「地中の巨人」のものとされるか、さもなければ顧みられず、真に科学的な検討をされることはなかった。一八一〇年までに、フランスのジョルジュ・キュヴィエは、ヨーロッパと北アメリカの氷河期の堆積物からそのころ発見された化石のマンモスとマストドンを詳細に記載し、それらは暗く嵐の吹き荒れる「ノアの洪水以前の世界」に生きていたが絶滅した生物で、聖書には言及されていない昔の生物の名残だと結論づけた。その後、メアリー・アニングがイギリスのジュラ紀の堆積物から驚くような海生爬虫類の化石を発見しはじめると、巨大で恐ろしい魚竜と首長竜が生息する「ノアの洪水以前の世界」が先史時代を描こうとする画家たちの心をとらえ、想像力をかきたてた（図3・3参照）。しかし、まだこれらの人々も、恐竜が支配していた世界があったことを想像すらしていなかった。

多くの恐竜の骨が個別に発見されていたのだが、それらが「ドラゴンの骨」（中国では長らくそう呼ばれていた）や、聖書で語られている巨人の骨だとまちがって解釈されるかわりに、絶滅した大型爬虫類の骨であることに人々が気づいたのは後のことだった。一六七六年に、オックスフォードの近くのストーンズフィールド・クオリィのテイントン石灰岩（中期ジュラ紀）から大きな骨が一本発見された。その一年後、オックスフォード大学の化学の教授であったロバート・プロットが『オックスフォードシャーの自然史（*The Natural History of Oxford-shire*）』を出版し、その骨の図が描かれた――科学文献に恐竜の骨の図が登場したのはこれがはじめてのことだった（図6・1）。プロットはそれが大腿骨の下端であることを正しく見抜き、ローマの戦象《せんぞう》のものか、聖書に出てくる巨人のものだと考えた。

一七六三年にリチャード・ブルックスが本の中でプロットの図を使用し、「スクロタム・ヒューマ

▲図6.1　ロバート・プロットによる原画
これがはじめて描かれた恐竜だった。後に「スクロタム・ヒューマナム（ヒトの陰嚢）」と呼ばれた（実際には、獣脚類の恐竜、おそらくメガロサウルスの大腿骨の下端である）

ナム（ヒトの陰嚢）」という短い説明文をつけた。化石になった巨大な人間の睾丸になんとなく似ていたからだった。一九七〇年には、最初に記載された有効な恐竜の名前はメガロサウルスではなく、不幸にも、それよりも古いスクロタム・ヒューマナムなのではないかという論争が起こった。動物命名法国際審議会は、その標本はどの恐竜のものであるのかたしかなことを言えるほど特徴的ではないし、その名前は明らかに科学的な記載に使用することを意図していたものではない——図の説明文の中のたった二つの単語でしかないのだから——と決定を下した。

一八一五年から二四年の間には、有名な博物学者のウィリアム・バックランド牧師が、オックスフォードの自宅の近くで発見された巨大な捕食性のトカゲの顎の破片やそのほかの骨を記載し、メガロサウルス（ギリシャ語で「大きなトカゲ」の意）と呼んだ。一八二五年には、ギデオン・マンテル医師がサセックス、ティルゲート・フォレストの下部白亜系のウィアルデン層から発見された巨大な爬虫類の歯とそのほかの骨の破片を記載し、イグアノドン（イグアナの歯の意）と呼んだ。

一八四二年には、このような発見によって、イギリスの博物学者リチャード・オーウェンが、それらの標本をすべて網羅する「恐竜（Dinosauria《ディノサウリア》）」（ギリシャ語で「恐ろしいほど大きなトカゲ」の意）という新しい言葉をつくることになった。オーウェンはそのたった一年前に、チッピング・ノースの近くで一八二五年に発見された数本の歯と巨大な骨を記載し、ケティオサウルス（ギリシャ語で「クジラトカゲ」の意）と命名していた。その化石はあまりにも不完全だったため、オーウェンはワニ類と関係がある巨大な海生爬虫類のものだと考えていたが、マンテルがそれを正し、イグアノドンやメガロサウルスのような巨大な陸生爬虫類の化石なのではないかと主張した。しかし、オーウェンは賛成せず、一八四二年に恐竜と命名したときにケティオサウルスを含めなかった。当時、ケティオサウルスの破片は、正確にその生物を復元するのに十分ではなかった。

しかし、一八六八年の三月に、イギリス、ブレッチンドンの近くの労働者らが竜脚類の巨大な大腿骨を見つけた。時を経ずして、そのほかの大型の四肢の一部や脊椎も発見された。それらの骨から、ケティオサウルスは巨大なワニではなく、四本の柱のような脚で歩く巨大な爬虫類であることが明ら

▲図 6.2　ケティオサウルスの部分的な四肢骨
オックスフォード大学自然史博物館に展示されている

かになった（図6・2）。竜脚類と聞いて、今日のわたしたちが思い浮かべる長い首と長い尾を持っていたことがわかるほど、その骨格は完全ではなかったが、それでも、ヨーロッパで発見されたもっとも完全な竜脚類の一つだった（現在でもそうである）。

ようやく一八七〇年代と八〇年代には、イェール大学の古生物学者オスニエル・チャールズ・マーシュのもとで働いていたチームと、フィラデルフィアの博物学者エドワード・ドリンカー・コープのために働いていたチームによって、コロラド州とワイオミング州で、ほぼ完全な竜脚類の骨格が発見された。

特にマーシュは、ワイオミング州の中南部のコモ・ブラフと呼ばれる産地で目を見張るほど完全な標本をいくつか発掘した。マーシュが集めた標本には片っ端から名前がつけられ、一八七七年のアパトサウルスとアトラントサウルスに始まり、一八七八年にはモロサウルスとディプロドクス、一八九〇年にはブロントサウルスとバロサウルスが続いた。

一方で、コープも一八七七年にカマラサウルスとカウロドンを命名した（今日では、アトラントサウルスとブロントサウルスはアパトサウルスと同一と考えられ、モロサウルスはカマラサウルスと同じ種だと考えられている。アパトサウルス、ディプロドクス、カマラサウルス、バロサウルスのみが現在でも有効な属である）。一八七八年までには、こうした化石があまりにも多くなり、マーシュはこれら（ケティオサウルスを含む）をまとめてグループにし、竜脚類（Sauropoda《サウロポダ》。ギリシャ語で「ト

「カゲの足」の意)と名づけた。残念ながら、マーシュはこれらの恐竜について短い論文しか発表しなかったし、論文には図もなかったので、一般の人々は一九〇〇年までこうした巨大生物の存在を知らずにいた。

「クジラ爬虫類」発見の最終段階は、博物館が、地下室で埃をかぶっていたこれらの巨大な骨格を大々的に宣伝すれば集客につながることに気づきはじめたときだった。一九〇五年まで、ニューヨークのアメリカ自然史博物館、ピッツバーグのカーネギー自然史博物館、そしてコネティカット州ニューヘイブンのピーボディ自然史博物館が、マーシュが命名した有効ではないブロントサウルスという名前のラベルをつけて、大型の竜脚類の骨格を展示した。

悲しいかな、わたしたちの文化にすっかり定着しているブロントサウルスという名称は、アパトサウルスの新参異名（ジュニア・シノニム）〔訳注：後からつけられた学名〕であるため使用できない。マーシュは、コモ・ブラフで発見されたとりわけ完全な大型竜脚類の成獣の骨格をもとに一八九〇年にブロントサウルスと命名した。ほかの既知の化石と異なる化石であれば、たとえわずかな違いしかなくても、ほぼすべてに新しい名前がつけられるのが当時の慣習だったのだ。そして、アメリカ自然史博物館とピーボディ自然史博物館に展示された骨格にこの名称が用いられ、それらの博物館で有名な展示物になったため、あらゆる恐竜の本にブロントサウルスが登場することになった。

その後、マーシュが一八七七年に同じ恐竜で、それよりもやや不完全な若い個体の標本をアパトサウルスと命名していたことが判明した。一九〇三年にエルマー・リグスがマーシュの標本を詳しく再検討し、アパトサウルスとブロントサウルスは同じ動物であるという結論を出した。国際動物命名規約では、最初につけられた名前が正しいので、古生物学に関するかぎりは、一九〇三年以降、ブロントサウルスという名称は新参異名である。しかし、当時もっとも影響力のあったアメリカ自然史博物館の古生物学者ヘンリー・フェアフィールド・オズボーンがリグスの分析を認めなかったため、ほかのすべての古生物学者がその名称を使わなくなった後もずっとブロントサウルスという正しくない名前が一般に普及しつづける原因となった。

不幸なことに、大衆文学やメディアは科学に追いついていないことがしばしばあり、博物館が展示を見なおして、恐竜の姿勢をより現実的な姿勢に変えはじめた一九八〇年代や九〇年代まで、その名称はまだまだ一般的だった。コモ・ブラフの標本には頭骨がなかったため、アメリカ自然史博物館とピーボディ自然史博物館の骨格に付け足された頭骨は、顔の短いブラキオサウルス類のものだった。ジョン・オストロムとジャック・マッキントッシュは、アパトサウルスの頭骨はディプロドクスによく似た吻の長いものだったことを示した。そしてついに、古生物学者が抗議しつづけた結果、子どもの本やニュース記事でこの変更が反映されはじめた。アパトサウルスに関する論文が発表されてから九〇年後のことだった。

また、オストロムは伝説的な画家のチャールズ・R・ナイトにあの有名なブロントサウルスの復元

▲**図 6.3**　チャールズ・R・ナイトが描いた象徴的なブロントサウルスの絵(1905年)
尻尾を引きずって、のろのろ動く沼地にすむ動物として描かれているが、現在ではこの考え方は完全に廃れている

図の制作を依頼したため、大衆はすぐにブロントサウルスに心を奪われ、首と尾が長い巨大な竜脚類の絵に夢中になった（図6・3）。

ブロントサウルスは最初期のストップ・モーション・アニメーション映画にも登場した。例えば「ロスト・ワールド」（一九二五年）では、ナイトの絵をもとにして、ストップ・モーション・アニメーションの先駆者である伝説的なウィリス・オブライエンによって恐竜が生き生きと動いた。そして、すぐに竜脚類はあらゆるところで見られるようになった（時事漫画、映画の数々、商品、ひいてはシンクレア石油のロゴマークまで）。

たった一一〇年前には、ごく少数の科学者をのぞいて、誰もそのような生物について聞いたことすらなかったとは思えないほどだ。

いにしえの巨大生物のライフスタイル

竜脚類の研究は過去一〇〇年で大きな進歩をとげた。認められている属数は少なくとも九〇、おそらくそれ以上あるが、命名されているどの竜脚類が有効な分類群なのかを決定するのはなかなか難しい。骨格がばらばらになり、散り散りに失われたとしても、体が大きいため、骨の多くが頑丈で耐久性があり、容易に保存される。その結果、命名されている竜脚類のほとんどは、骨がたった数本見つかっているだけなのだ——たいては背骨の一部や脊椎、時には四肢の骨。部分的な骨格も無数にあるが、それでも、化石化する前に頭が失われてしまうといういまいましい傾向がある（頭骨はほかの骨よりも軽く、壊れがちである）。まあまあ満足のいく完全な骨格が知られている竜脚類はほんの少ししかなく、それらは何度も何度も博物館の目玉の呼び物になっている——アパトサウルス、ディプロドクス、ブラキオサウルス、カマラサウルス、バロサウルス、マメンチサウルスやほか数種類だ。

竜脚類は古竜脚類と呼ばれる三畳紀の恐竜のグループに起源を持つ。古竜脚類は、ジュラ紀の巨大

▲図 6.4　ドイツの三畳紀の地層から見つかった古竜脚類プラテオサウルスの骨格

なモンスターとニワトリほどの小さな種類もいた初期の恐竜の系統を結びつける典型的な中間型だ。プラテオサウルスのような古竜脚類は、長さが最大で一〇メートル、重さは最大で四〇〇〇キログラムあったが、その子孫たちの大きさには遠く及ばなかった（図6・4）。それでも、長い首と長い尾を持ちはじめていた。プラテオサウルスはほぼ完全に二足歩行をしていたが、いくつかの古竜脚類（例えば、メラノロサウルス）の四肢は四足歩行または二足歩行のどちらかが可能であり、つかむことができるよく発達した指を持っていたが、これは、より重い子孫たちが象のような四肢を持っていたのと異なっている。

ジュラ紀の中期と後期は本当に巨大生物の世界だった。巨大なモンスターたちは、一九〇五年に人々が想像したような、動きが遅く、尻尾を引きずりながらのろのろ進む、沼地にすむトカゲではなかった。初期の科学者はあまりの大きさに驚くあまり、竜脚類が陸上で体重を支えている姿を想像することができず、彼らに沼地をあてがったのだ。

実際には、いくつかの重要な標本（歩いた跡を含む）に加え、多くのすばらしい生体力学解析によって、竜脚類とそのかつての生態に関するわたしたちの見方は激変した。何よりもまず、歩いた跡は竜脚類が尾を真っ直ぐのばして歩いていたことを示している。ほとんどすべてに尾を引きずった跡が見られないのだ。さらに、竜脚類を豊富に含むモリソン層とそのほかの地層を分析した結果、竜脚類は沼地にすんでいたのではなく、沿岸地域に加えて、さらに乾燥した生息環境にも適応していたことが示された。竜脚類は歩くことに長けており、食料となる葉を探して長距離を移動し、長い首で届く木の葉を食べていた。そして、竜脚類の体には多くの気嚢がありすぎるので、水にあまり深く沈むことはできなかっただろうし、ましてや水面の下に潜ることなど不可能だった。

彼らの骨格は注目に値する。そのような大型の動物にしては頭があまりにも小さく、シンプルな釘または刃のような歯を持つ種類がほとんどだ。そのような限られた咀嚼《そしゃく》器官で、どうやってあの巨体を養っていたのかと多くの科学者は頭を悩ませてきた（対照的に、カモノハシ恐竜として知られるハドロサウルス類や角竜《つのりゅう》類は、大量の草をすりつぶすために数百の歯からなるデンタルバッテリー構造［訳注：微細な歯の集合体で、磨耗すると下の列の歯が置き換わって常に鋭利な咀嚼面が保たれる］を発達させていた）。竜脚類は木のてっぺんから一面に生い茂るシダまで、食べられるものならほとんど何でも手当たりしだいに食べていたのではないかと推測する古生物学者もいる。ジュラ紀の巨大な竜脚類の全盛期のずっと後、前期白亜紀まで花を咲かせる植物、特に「草」が進化していなかったことを思い出してほしい。

首と背中と尾全体の個々の椎骨は工学的に驚くべきもので、たくさんの骨質の筋交いがあり、軽量化しつつも非常に頑丈だった。また、筋交いによって結束され、多くの強力な腱で結びつけられていた。ほとんどの恐竜や鳥類のように、竜脚類の骨（特に脊柱にそって）には気嚢がたくさんあり、比較的軽くなっている。

最近の研究のいくつかでは、竜脚類はあまり長い時間、頭を高く上げてはいなかったと考えられている（これは多くの復元図に反している）。頭に血液を送るために、並外れて高い血圧が必要になるからだ。しかし、この説の根拠となっている研究は、不健康な高い血圧になるように育てられた家畜を使って行われたものである。別の最近の研究では（まだ論文は発表されていないが）、竜脚類の血圧は管理可能なものであったはずで、頭を持ち上げたときに、頭に血液を送るために途方もなく大きな心臓が必要だったわけではないという。キリンと同じで、おそらく竜脚類の首の血管の内部には特殊な弁があり、それが突然の血圧低下を防止し、頭を高く上げたときに気絶するのを防いでいた。

史上最大の陸生動物である竜脚類は、ゾウのように、骨の短い円盤や円柱状に圧縮された指のある巨大な四肢を持つ。しかし、竜脚類はゾウとは異なり、足と指を含む足の裏全体で歩行するのではなく（蹠行性《せきこうせい》と呼ばれるゾウや人間の歩き方）、太くて短い指の先で歩いていた（指行性《しこうせい》と呼ばれ、ほとんどの恐竜がこの歩き方をしていた）――彼らの足は部分的に指行性であり、かつ部分的に蹠行性であったのだが。竜脚類の巨大な下肢骨と歩いた跡に見られる歩幅、そして途方もなく重い体重を考慮すると、大型の竜脚類が速く歩いていたという説は論外だ。少しは走ることもできたかもしれないが（今日のゾウのように）、ほとんどの時間はゆっくり着実なペースでのんびり歩いていた。だが、長い脚を使えば広い土地を移動でき、走る必要はなかった。

竜脚類にはいくつかの主要なグループがあり、とりわけ、首が非常に長く、鞭のような尾を持つディプロドクス類（例えば、ディプロドクスやアパトサウルス）、引きのばされた前肢とキリンのような首を持つ背の高いブラキオサウルス、頭が小さく、ずんぐりしたティタノサウルス類（おもにアフリカと南アメリカで繁栄したが、南極大陸を含むすべての大陸に生息していた）などがある。竜脚類の大半は後期ジュラ紀に最盛期を迎えたが、いくつかのグループ（例えば、ティタノサウルス類）は南半球では白亜紀にもまだ繁栄しつづけ（北半球ではほとんど絶滅していたにもかかわらず）、白亜紀の末ごろまで生きのびていた可能性がある。

史上最大の恐竜

当然ながら、常にその生息地で最大であり、また史上最大の陸生動物にとっては、大きさが問題となる。多くの候補が「最大の恐竜」としてもてはやされてきたが、数年後には新しい恐竜が発見され、その地位を奪われてきた。主張を複雑にしているのは、大きな恐竜であればあるほど、残存する骨が少ないことだ。ほぼ完全な骨格が知られているもっとも大きくて重い恐竜は、ベルリンの自然史博物館（フンボルト博物館）にある、かの有名なブラキオサウルス（現在は、ギラッファティタンと呼ばれる）で、一九〇九年から一二年にかけてドイツ領東アフリカ（現タンザニア）のテンダグル層で発見された（図6・5）。見るものを圧倒するこの標本は、部分的な骨格を五つ合わせたもので（大部分が幼獣）、展示室の床から数階までそびえたち（一三・五メートル）、二二・五メートルに達する。重量は三〇〜四〇トンあったとみられる。

これより大きな恐竜の骨も見つかっているのだが（例えば、同博物館の別の脛骨は展示されているギラッファティタンよりも一三パーセント大きい）、数少ない椎骨や四肢骨をもとにした動物のサイズの見積もりには問題が多い（図6・6）。

例えば、マシュー・ウェデルとリチャード・シフェリはオクラホマ州の前期白亜紀の地層から巨大

▼**図 6.5**　アフリカのテンダグル層から発見された大型の竜脚類、ギラッファティタン・ブランカイ（＝ブラキオサウルス・ブランカイ）のもっとも完全な骨格。ベルリンにある自然史博物館(フンボルト博物館)に展示されている

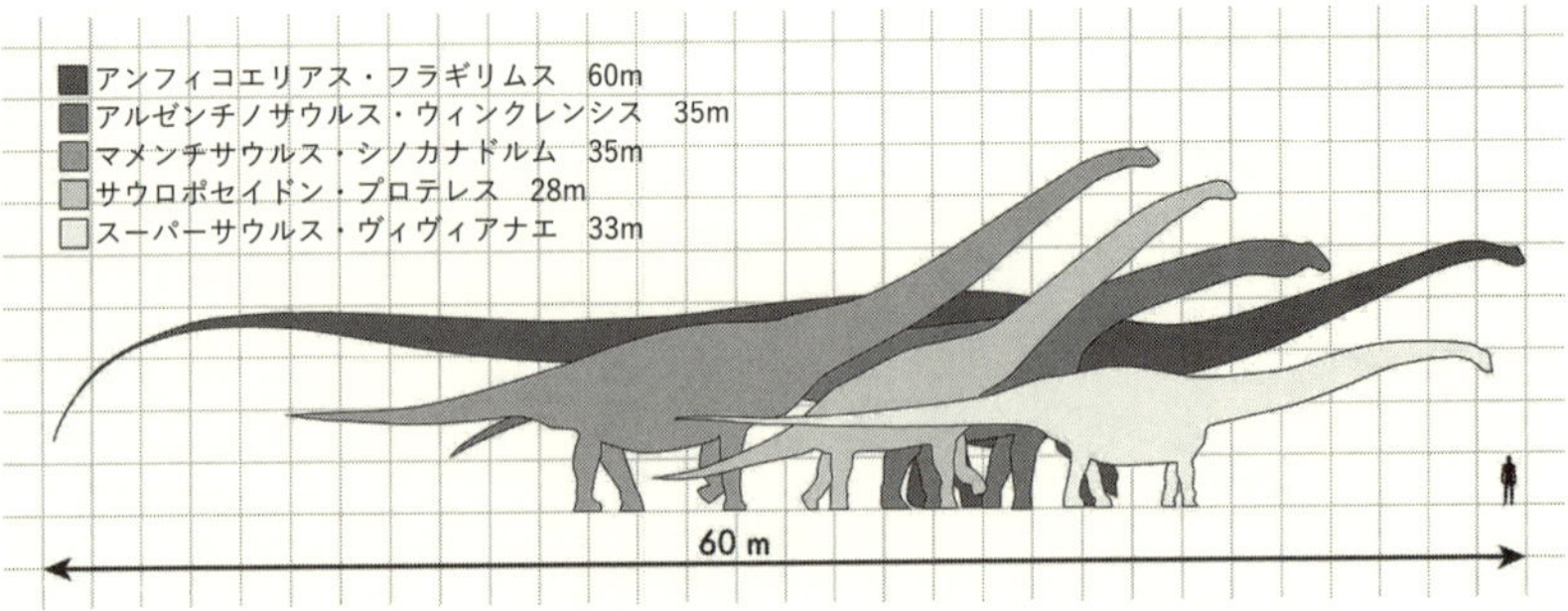

▲図 6.6　竜脚類の大きさの比較
このうち、アンフィコエリアスとサウロポセイドン、スーパーサウルスは、実際の大きさを正確に計算できるほど完全な標本が見つかっていない

なティタノサウルス類の頸椎を四個発掘し、サウロポセイドンと名づけた（ギリシャ神話の海と地震の神ポセイドンにちなむ）。あまりにも巨大な骨だったため、徹底的にクリーニングして恐竜の骨であることに気がつくまでは、珪化木の幹だと誤認されていた。シフェリは一九九四年にそれらを発見し、オクラホマ州立大学のサム・ノーブル・オクラホマ自然史博物館に持ちこんだ。彼の教え子のウェデルが詳細に調べてやっとそれが何だったのかがわかった。

サウロポセイドンは、たった四つの頸椎しか知られていないが、まちがいなく巨大だ。もしギラッファティタンを使ってサイズを見積もれるなら、首を真っ直ぐ立てたサウロポセイドンの高さは一七メートルに達する可能性があり、もっとも背の高い恐竜になる。体の長さは約三四メートル、体重は四〇トンあった。

仮にサウロポセイドンが史上でもっとも背の高い生物だったとしよう。だが、さらに長く、体重が重い竜脚類も

▲**図 6.7**　アルゼンチンのプラサ・ウインクルにあるカルメン・フネス市立博物館に展示されているアルゼンチノサウルスの骨格

いくつかいた。信頼性をもってサイズを見積もるのに十分な骨が発見されている最大の標本はアルゼンチノサウルスだ（図6・7）。

発見場所はアルゼンチンで（ほかにどこがありえようか）、南部のパタゴニアの後期白亜紀のウィンクル累層で見つかった。一九八七年に最初に発見されたのだが、またしても見つけた農場経営者は珪化木だと勘違いしていた。その後、標本が採集され、一九九三年にホセ・ボナパルテとロドルフォ・コリアによってアルゼンチノサウルス・ウィンクレンシスと正式に命名された。

アルゼンチノサウルスは背骨の一部と腰の部分、肋骨の一部、大腿骨、そして右の脛骨からなる。数は少ないが、個々の骨は巨大だ。それぞれの椎骨は驚くほどの大きさで、高さが一・五九メートルを超え（図6・8）、脛骨は一・五五メートルもあるのだ。これらの不完全な化石から見積もられたサイズは、長さが三〇〜三五メートル、重量が八〇〜一〇〇トンというように幅があるが、より最近の計算では、重さはおよそ五〇トンとされている。別のティタノサウルス類でこれより小型だがより完全なサルタサウルスをもとにした見積もりでは、長さが三〇メートル、重さは六〇〜八八トンとされている。カルメン・フネス市立博物館に展示されている骨格は四〇メートル、高さは七・三メートルあり、もとの推定よりも長くかつ高くなっている（図6・7）。もしそうであれば、アルゼンチノサウルスが群を抜いて史上でもっとも長く、もっとも大きい陸生動物ということになる。アルゼンチノサウルスが現在の記録保持者と考えられる。

だが、そう断定するのは早計だ。同時代の九七〇〇万〜九四〇〇万年前に生きていた巨大な竜脚類のいくつかは、アルゼンチノサウルスにせまる大きさなのだ。エジプトのパラリティタン、南アメリカのアンタルクトサウルス（図6・9）とアルギロサウルスなどだ。残念ながら、どれも数個の下肢骨しか見つかっておらず、アルゼンチノサウルスよりも大きかったかどうか見積もろうにも、正確なことはわからない。最近、アルゼンチンでさらに大きな四肢骨が発見されたというニュースが流れた。発見されている中で最大の恐竜というふれこみだったが（こうした標本についてまわるお決まりの過剰宣伝だ）、単に大型のアルゼンチノサウルスの成獣だと考える古生物学者が多い。

▲図 6.8　竜脚類の脊椎
A：アルゼンチノサウルスの巨大な椎骨
B：ギラッファティタン・ブランカイ（＝ブラキオサウルス・ブランカイ）のより小さな椎骨（図6.5参照）。恐竜のほぼ完全な骨格としては史上最大。比較用

▲**図 6.9**　ティタノサウルス類として、見つかっている中で最大のアンタルクトサウルスの巨大な大腿骨。今までに発見されている恐竜の大腿骨としては最大。大きさがわかるように子どもが立っている

二〇一四年には、また別の超巨大な竜脚類がアルゼンチンで報告された。発見者らはそれにドレッドノータスという愛称をつけた。その化石が、第一次世界大戦中に巨大さとその主砲で、ほかの船を震撼させたドレッドノート戦艦を彷彿とさせたからだ。ドレッドノータスは、発見されているほかの大半の竜脚類よりも完全に近く、全体の七〇パーセントの骨が発掘されているといわれている。だが、標本はおもにその動物の後端と前肢からなり、頭と首はほとんど見つかっていないため、体の長さは憶測にすぎない。推定体重は五九トンとされ、またしても、この発見者たちも「史上最大」と断じるメディアのゲームに巻きこまれてしまったのだが、体重の計算が信頼できるほど標本が完全ではないし、ましてや体の長さについてはなおさらだと、ほかの多くの古生物学者がコメントしている。

アルゼンチンの白亜紀の地層から発掘された、大きさがわずかに異なるこれらのティタノサウルス類は、幅が広い一つの属であり、もしかしたら数種かもしれないと考える古生物学者が多く、マスコミの注目をひく競争のために、数十の属に過度に分割されたのではないかと考えられている。そのように大きな動物は個体数が少ない傾向にあり、種の中でのばらつきが大きく、数十の類縁の属が一つの生息地を共有するのではないということが生物学者には知られている。

現在のところ、アルゼンチノサウルスよりもさらに大きなティタノサウルス類が存在したという主張がいくつかある。

その一つは、インドの後期白亜紀の地層から発見されたブルハトカヨサウルス（南インド式のサンスクリット語の「大きく重い体」とギリシャ語の「トカゲ」の意）だ。P・ヤダギリとK・アイヤサミによって一九八九年に記載され、体重は一七五〜二二〇トンとされたが、後の推定では一三九トンに引き下げられた。もしこれが本当なら、どの既知の竜脚類よりもはるかに大きかったことになる。しかしながら、ブルハトカヨサウルスの化石は寛骨《かんこつ》の一部と、大腿骨と脛骨の一部、前肢、いくつかの部分的な椎骨しかない。そうではあってても脛骨の長さは二メートルあり、アルゼンチノサウルスのものよりも二九パーセント長い。大腿骨も同じだ。ほとんどの古生物学者は、より完全な化石が発見されるまで、ブルハトカヨサウルスについての判断を保留にしている（発見される可能性は低いが）。残念なことに、もとの化石は保管されていた場所がモンスーンによる洪水で被害を受けたときに失われてしまい、簡単な線画が載った論文しか残っていない。

もしこれでもまだ驚きもせず、うんざりもしないなら、アンフィコエリアス・フラギリムスについてみてみよう。この恐竜は一個の背骨の椎骨にもとづくもので、古生物学者の草分けエドワード・ドリンカー・コープが一八七七年に発見した。彼はその標本を示す図を発表しており、彼の測定を信じるなら、とてつもない大きさだった。もし完全なら、たった一つの椎骨の高さが二・七メートルあったというのだ。もしそのサイズの椎骨をほかの竜脚類の体制に当てはめるなら、アンフィコエリアスは、体の長さが四〇〜六〇メートル、体重は最大で一二二トンとなり、ブルハトカヨサウルス以外のどの恐竜よりも大きい（図6・6）。

残念ながら、アンフィコエリアスの化石は、コープが記載した後にどこかの時点で消えてしまった。おそらく、硬化剤や保存料がまだ使用されていなかったので、こみ合った保管場所で壊れてしまったか、彼の死後にコレクションを移動するために人々がやって来たときに、それとは気づかれずに壊されてしまったのだろう。というわけで、最大の陸生動物の二つの候補は、不適切な化石にもとづくものであるばかりか、化石がすべて失われてしまっている。よりよい化石が発見されてその地位から引きずり下ろされるまで、史上最大のタイトルはアルゼンチノサウルスが保持している。

コンゴで恐竜が生きている?

都市伝説の一つに、コンゴ川流域の盆地に今でも竜脚類の恐竜が生息しているというものがある。その生物はモケーレ・ムベンベと呼ばれ、多くの書籍やマスコミの報道、ドキュメンタリー風の番組に登場し、さらにはハリウッド映画「恐竜伝説ベイビー」(一九八五年)でも扱われている。多くの報告があり、ネス湖のネッシーやビッグフット〔訳注:ロッキー山脈にすむといわれる雪男のような未確認生物〕並みに有名だ。

だがよく見ると、巧妙な嘘しか見あたらない。ダニエル・ロクストンとわたしが注意深く立証してきたように、その存在を支持するまともな物的証拠はいっさいない。証拠とされるもののほとんどは先住民による目撃情報で、翻訳されて、アメリカの探検家によって伝えられたものだ（ほとんどの場合、そうした探検家たちは宣教師や現代的な天地創造説の支持者であって、生物学者ではない）。

そうした報告は非常に疑わしい。多くの先住民は伝説上の生物と、わたしたちが実在すると考える動物を区別していないからだ。さらに、多くの情報が曖昧模糊としており、非常に矛盾していて、科学的に有用ではない。竜脚類ではなく、ステゴサウルスやトリケラトプスと同定しているケースもある。それどころか、サイと描写されている場合すらあるのだが、サイはジャングルではなくサバンナに生息しており、コンゴ盆地の人々には知られていない。西洋の探検家は先住民に野獣のスケッチを見せて、彼らが目撃したものを確認することが多いため、「誘導尋問」になることがよくあり、信憑性が薄いのだ。多くの文化では、先住民が訪問者に対して、訪問者が聞きたいことを言うのが普通で、単にそうすることが客への礼儀なのである。

特に重要なのは、多くの心理学者による最近の研究が示しているように、「目撃証言」は証拠としては実質的に価値がない（法廷であっても）。人間は性能のよいビデオカメラではない。人間は見るべきものを「見る」のが得意で、もともと見たものを後から期待でゆがめ、あのとき実際に見たと信じるものを後から想像してしまうので、科学者は「目撃情報」を個人体験（もしかしたら妄想や幻覚）以上には受けとらない。

さらに、モケーレ・ムベンベの目撃情報や証拠にはおびただしい問題があり、その存在を非常にありえないものにしている。すべての写真や映像は、あまりにも遠くから写されたもので、ぼやけていて、それが何を表しているのか解釈するのが不可能であり、モケーレ・ムベンベの真の証拠にはなりえない。同定できるといわれるものであっても、結局はカバだったり、カヌーに乗った人だったり、診断できる特徴がない、ぼやけた物体であることがほとんどだ。集団生態学によれば、竜脚類のように大型の動物には広い行動圏が必要で、成獣と幼獣を含むかなり大きな集団がいるはずだ——それなのに、目撃情報や質の悪い映像があるばかりで、骨の一本も死骸もなければ、ほかの物理的な証拠もない。

多くの人が探してきたのに、いまだに一頭も見つかっておらず、時がたつにしたがって、信憑性はますます薄らいでいる。実際、コンゴのジャングルが未開だというのは神話である。本物の野生生物学者がしょっちゅうコンゴ盆地をくまなく旅しているが、モケーレ・ムベンベの報告を聞きもしなければ、目撃もしていない。そうした報告を信じるのはだまされやすい伝道師だけで、彼らは生物学について何も知りはしない。実際、グーグルアースを使えば、誰だってこの地域を宇宙から研究することができ、大型動物を簡単に見ることができる。グーグルアースに「10.903497 N, 19.93229 E」という座標を打ちこめば、すばらしく詳細に宇宙からゾウの群れを見ることができる。まちがいなく、モケーレ・ムベンベのように大きな動物であれば、今ごろはもう、コンゴ盆地を歩きまわる巨大な群れが見つかっているだろう。

巨大な骨は化石になりやすいので、竜脚類の古生物学的な記録はすばらしい。したがって、六五〇〇万年前よりも新しい堆積物から竜脚類の骨が一つも見つかっていないという事実から、竜脚類が現在まで生きのびていないことはたしかだ（大型の哺乳類が化石になる、よい環境の地層がたくさんあるにもかかわらず）。

最後に、モケーレ・ムベンベの話の中で、どうしても真実のように思えない点がある。「目撃者たち」が描写する恐竜の姿は、最初の骨格と復元図が世間の目にさらされた一九〇五年当時によく知られていた竜脚類の姿なのだ――そう、そのような生物は実際には存在しない。尾を引きずりながらのろのろ歩き、湿地に隠れている生物は、科学的な研究の結果、尾を真っ直ぐのばし、水の中ではなく沿岸にすむ生物に変化した。モケーレ・ムベンベの話では、その生物はコンゴ川に沈んで数時間のんびり過ごしていたという。実際、竜脚類は、脊椎にそって気嚢がたくさんあったので、体の半分も沈めることはできなかった。水に沈むことなどできず、ましてや水中に数時間とどまることなど不可能だった。

それどころか、モケーレ・ムベンベの伝説には意外な展開がある。モケーレ・ムベンベを探しているのは天地創造主義者の宣教師ばかりで、野生生物学者ではないのだ。数年前、ヒストリーチャンネルの「未確認モンスターを追え！」という番組で、モケーレ・ムベンベの特集があった際に、わたしは「お飾りの懐疑論者」になってほしいと頼まれた。その撮影は終始奇妙なもので、ほとんどの時間はわたしをひっかけることに費やされ、モケーレ・ムベンベの存在を裏づけると考えられるような言葉を引きだそうと必死だった。彼らは「それみたことか」という瞬間をカメラにおさめようとして、形のない石膏の塊をわたしに渡し、「恐竜の足跡」だと特定しはしないかと待ちかまえていた。そして、できあがった番組を見たときにわたしが一番驚いたのは、恐竜を探索する二人のモケーレ・ムベンベ「ハンター」がほとんどの放送時間を占めていたことだった。彼らは無能な野生生物学者丸出しで、自分たちが何をしているのかもわかってはいないし、携えている立派な装置の使い方さえも知らなかった。川岸にあいた小さな穴について、まるで巨大な恐竜が低い岸に穴を掘り、中に完全に隠れて、小さな空気穴だけを残していったかのような、奇妙なコメントをしていた。

後で知ったのだが、その二人の「探検家」はどちらも天地創造主義の宣教師で、野生生物学者としての正式な訓練を受けてはいなかった。その一人のウィリアム・ギボンはコンゴに数えきれないほど足を運んでいるが、散財するばかりでまったく結果を出していない。どういうわけか、こうした人たちは、生きた恐竜を発見すれば進化論が破綻すると考えているようである——進化論を支持する山のような証拠には目もくれずに。

モケーレ・ムベンベ探しは、もはやアマチュアによる単なる遊びの探索ではない。モケーレ・ムベンベを探すことに時間を費やす「探検家」と言われる人たちには反科学的な企みがあるので、彼らのデータや解釈を信用してはならない。彼らの調査は天地創造主義者による世界的な取り組みの一部で、手段を選ばず、進化の証拠をひっくり返して、卑劣な手段で科学の教えを台無しにしようと企んでいるのだ。そのようなものを見過ごしたり軽視したりしてはならない。科学を破壊する行為として、科学界がしっかり目を光らせているべきである。

自分の目で確かめよう！

竜脚類の骨格の化石やレプリカは世界中の多くの自然史博物館に展示されている。アメリカでオリジナルの化石を展示する博物館はニューヨークにあるアメリカ自然史博物館（アパトサウルスとバロサウルス）、ピッツバーグにあるカーネギー自然史博物館（アパトサウルスとオリジナルのディプロドクス）、ワシントンD.C.にあるスミソニアン博物館群の一つの国立自然史博物館（ディプロドクスとカマラサウルス）、ロサンゼルス自然史博物館（マメンチサウルス）、コネティカット州ニューヘイブンにあるイェール大学ピーボディ自然史博物館（アパトサウルス）などだ。

ギラッファティタン・ブランカイ（＝ブラキオサウルス・ブランカイ）とディクラエオサウルスのほぼ完全な骨格は、ベルリンにある自然史博物館（フンボルト博物館）に展示されている。シカゴではギラッファティタンのレプリカがフィールド自然史博物館の屋外とシカゴ・オヘア国際空港に展示されている。サウロポセイドンの脊椎は、ノーマンにあるオクラホマ州立大学のサム・ノーブル・オクラホマ自然史博物館に展示されている。アルゼンチンでは、復元されたアルゼンチノサウルスの骨格をプラサ・ウインクルにあるカルメン・フネス市立博物館とブエノスアイレスにあるアルゼンチン自然科学博物館（ベルナルディーノ・リバダビア国立自然科学博物館）で見ることができる。アトランタにあるファーンバンク自然史博物館にはレプリカが展示されている。

第7章 最初の鳥・アーケオプテリクス

石の中の羽毛

そして、もし半分孵化しているヒヨコの後ろの四半部、つまり腸骨から足の先までを突然拡大し、骨化して、そのまま化石にできるなら、鳥類と爬虫類の移行の最終段階が得られるだろう——それらを恐竜類と呼ぶ妨げになる特徴は何もないだろうから。

——「恐竜と鳥類の密接な関係を示すさらなる証拠
(*Further Evidence of the Affinity Between the Dinosaurian Reptiles and Birds*)」

トマス・ヘンリー・ハクスリー

自然の芸術――ゾルンホーフェンの石切場

ドイツ南部アイヒシュテットの近くにあるゾルンホーフェンの石切場では、三〇〇年以上にわたって、薄い層状でクリーム色の美しい石灰石が切り出されている。このすばらしい石灰岩は非常にきめが細かく（多くの石灰岩に見られるような、目に見える化石が含まれていない部分が多い）、酸で腐食してリトグラフ用の石版に用いる石材として世界的に有名だった。手で彫った繊細な線を台無しにするような傷や不純物や化石の破片が含まれていないのだ。多くの芸術作品がこの石灰岩に彫られてきた。本が印刷されるようになったころ、初期のリトグラフを印刷するのに用いられ、アルブレヒト・デューラーのような画家たちの伝説的な作品にも使用された。また、色が完全に均一で、模様や粒が見あたらないため、建材としても人気が高く、今では商業的に採掘を行っているいくつかの業者からインターネットで購入することさえできる。

十九世紀中ごろには、ゾルンホーフェンの石切場は非常に活気を帯び、多くの石切り工が美術用の石版や建材にできるような大きく平らな厚板を切り出せる、良質で割れていない石灰岩が露わになっている場所を懸命に探していた。層理面にそって割ると、時折まったく違う種類の芸術作品が姿を現した。多くの異なる生物がこの上なくみごとに化石として保存されていたのだ。おびただしい種類の硬骨魚や、時には甲殻類やカブトガニやクモヒトデが見つかった。だが、ニワトリ大の恐竜コンプソグナトゥスや、保存状態が良好なプテロダクティルス類の最初の標本も発見され、早くも一七八四年に記載された。石切り工は意図的にこうした化石を探していたわけではないが、偶然見つかったときには長時間の過酷な労働が報われた。非常に美しいものは、自然のものを趣味で集めたり、科学的な理由で収集したりするコレクターや裕福な紳士に買われていった。

そして一八六〇年のある日、石切り工の一人が石灰岩の中から驚くべきものを発見した。それははっきりした一枚の羽毛の印象で、現生鳥類の翼の非対称な羽毛によく似ていた。その標本は最終的に名高い古生物学者ヘルマン・フォン・マイヤーの手に渡った。彼はすでにゾルンホーフェンの恐竜やプテロダクティルス類の多くを記載しており、初期の恐竜プラテオサウルスも記載していた（第6章）。この一枚の羽毛化石にもとづき、マイヤーは一八六〇年にアーケオプテリクス・リソグラフィカ（リトグラフの石から見つかった古代の翼）という正式な学名を与えた。

ダーウィンの思わぬ幸運

数か月後、ほぼ完全な骨格がドイツのランゲナルトハイム近くの石切場で発見され（図7・1）、そ

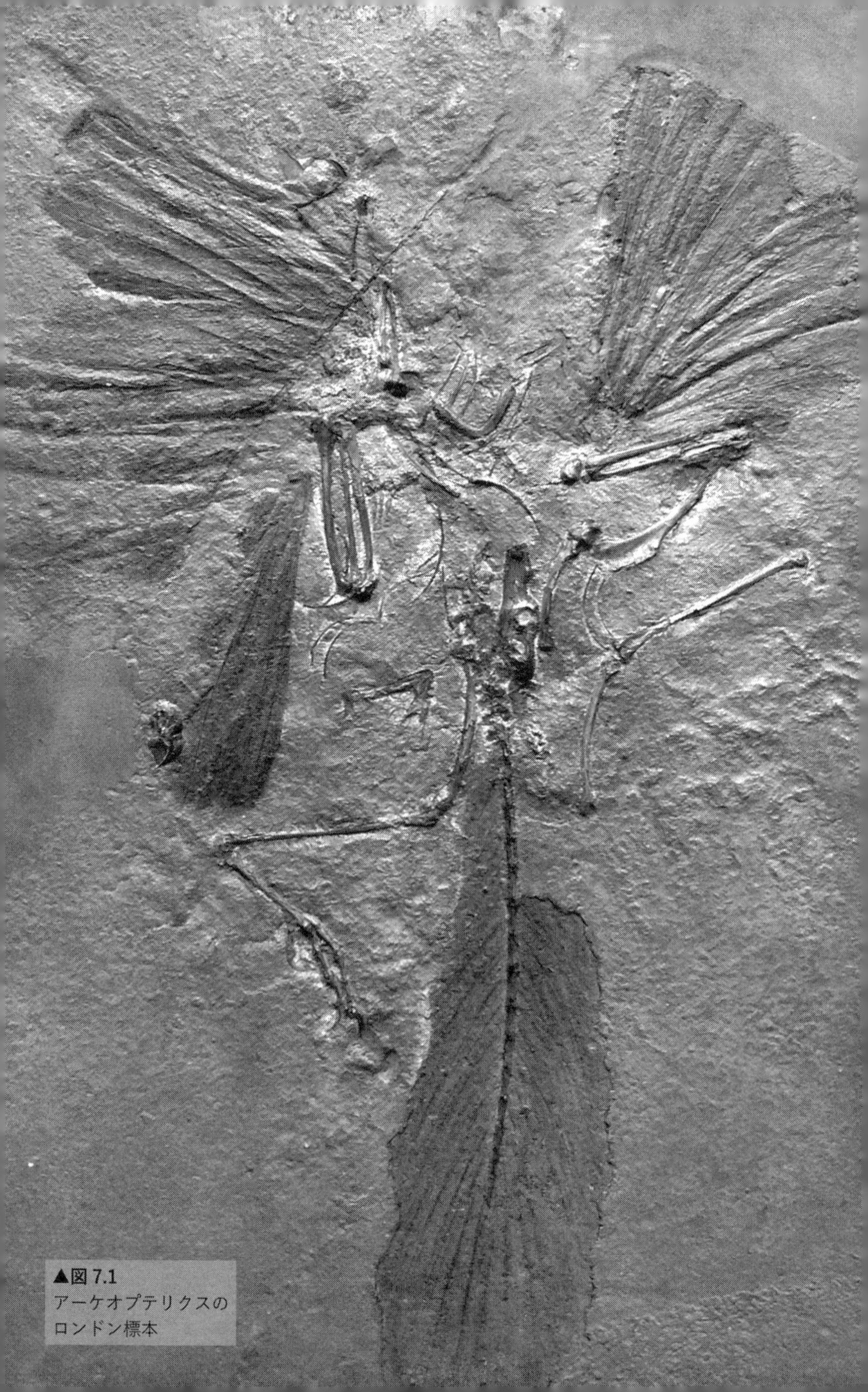

▲図 7.1
アーケオプテリクスの
ロンドン標本

の標本は診療の見返りとしてカール・ハバレインという地元の医師の手にわたった。頭と首のほとんどが失われ、骨もごちゃごちゃになっていたが、恐竜にもっともよく似た骨格のまわりに羽毛の痕がはっきり見られた。ドイツの博物館が購入をためらっていたので、ハバレインはもっともよい申し出を受けることにした――大英自然史博物館（ロンドン自然史博物館）が提示した七〇〇ポンドだった（今日の金額で約七万二〇〇〇ドル〔訳注：約八二〇万円〕。当時としては大金だ）。こうして、その標本は現在の所在地から「ロンドン標本」として知られることになった。

ロンドンに移ると、その化石はイギリスの著名な解剖学者で古生物学者のリチャード・オーウェンの管理下に入った。すでにほかの多くの化石の記載と「恐竜」の命名で有名だったオーウェンは、すぐに研究を開始し、一八六三年に詳細な記載を発表した。不完全な状態ではあったが、骨はまさに爬虫類のようでありながら、明らかに翼に羽毛があるという事実を彼は見逃さなかった。

この発見は別のイギリスの博物学者にとって天の恵みだった。その博物学者とはチャールズ・ダーウィンである。ダーウィンは物議をかもす新しい著書『種の起源』をその二年前の一八五九年に出版したばかりだった。進化の現実味について十分な論証をしたにもかかわらず、理論を支持するよい移行化石がないことを彼はわびねばならなかった。完璧なタイミングで、主張を裏づけるのにぴったりな移行化石としてアーケオプテリクス（始祖鳥）が現れたので、彼は舞い上がった。爬虫類がどう進化して鳥類という完全に別のグループになったのかを示す、これほど完璧な例があるとは思ってもいなかったのだ。『種の起源』の第四版では、こう誇らしげに述べている。

［かつて、幾人かの科学者の主張では、］鳥類全体は始新世［現在測定されている年代では五六〇〇万~三四〇〇万年前］に突然出現したということだったが、オーウェン博士のおかげで、鳥類は上部グリーンサンド層が堆積したとき［現代の用語では前期白亜紀の終わりごろで、約一億年前。この標本は翼竜だった］には、たしかに生きていたということが今の我々にはわかっており、さらに最近には、トカゲのような長い尾を持ち、各関節に一対の羽毛があり、二つの自由に動く鉤爪《かぎづめ》がついた翼を持つ風変わりな鳥のアーケオプテリクスが、ゾルンホーフェンの魚卵状のスレートから発見されている。かつてこの世界にすんでいた生物について、いかに我々が無知であるかを強烈に思い知らされる最近の発見は、これをおいてほかにない。

しかし当のオーウェンは彼独自の「変化」を信じており、ダーウィンの進化論を信じてはいなかった。一八六三年にその化石を記載する際には、それが示唆する鳥類と爬虫類の明らかなつながりをすべて故意に避けたかまたは退けた。好戦的な若い科学者で、進化論をみごとに擁護したために「ダーウィンの番犬」の異名を取るトマス・ヘンリー・ハクスリーは、明らかなものを認めようとしないオーウェンを非難した。彼はアーケオプテリクスが爬虫類と鳥類をつなぐミッシングリンクの役割を完璧に果たしているだけではなく、さらに重要なことに、骨の特徴の大部分が明らかに恐竜的だと主張した。実際、アーケオプテリクスの標本の一つは、最初はゾルンホーフェンの小型恐竜コンプソグナトゥスだと誤認されていた。一世紀後にイェール大学のジョン・オストロムが詳細に調べて羽毛を見つけ、ようやくアーケオプテリクスであることが判明した。

どんどん見つかる標本

論争の決め手となったのは、一八七四年にドイツのブルームベルクの近くでヤコブ・ニーマイヤーという地元の農民が発見した、発見されている標本の中で最良のアーケオプテリクスの化石だった（図7・2）。彼は牛を買う資金を得るために、このすばらしい標本をヨハン・ドアという宿屋の主人に売ったのだが、その宿屋の主人は、今度はエルンスト・オットー・ハバレインに売った。その人物は約一二年前に大英自然史博物館に最初のアーケオプテリクスの化石を売った医師の息子だった。

この標本は知られている一二の標本の中でもっとも有名であり、その写真がよく使われている。というのも、ほとんど完全な骨格で、岩石の上に体を広げており、羽毛がよく見えるのだ。首と頭は後ろに引っ張られているが、これは死んだ動物によく見られる典型的な姿勢で、首と頭を支えていた項《こう》

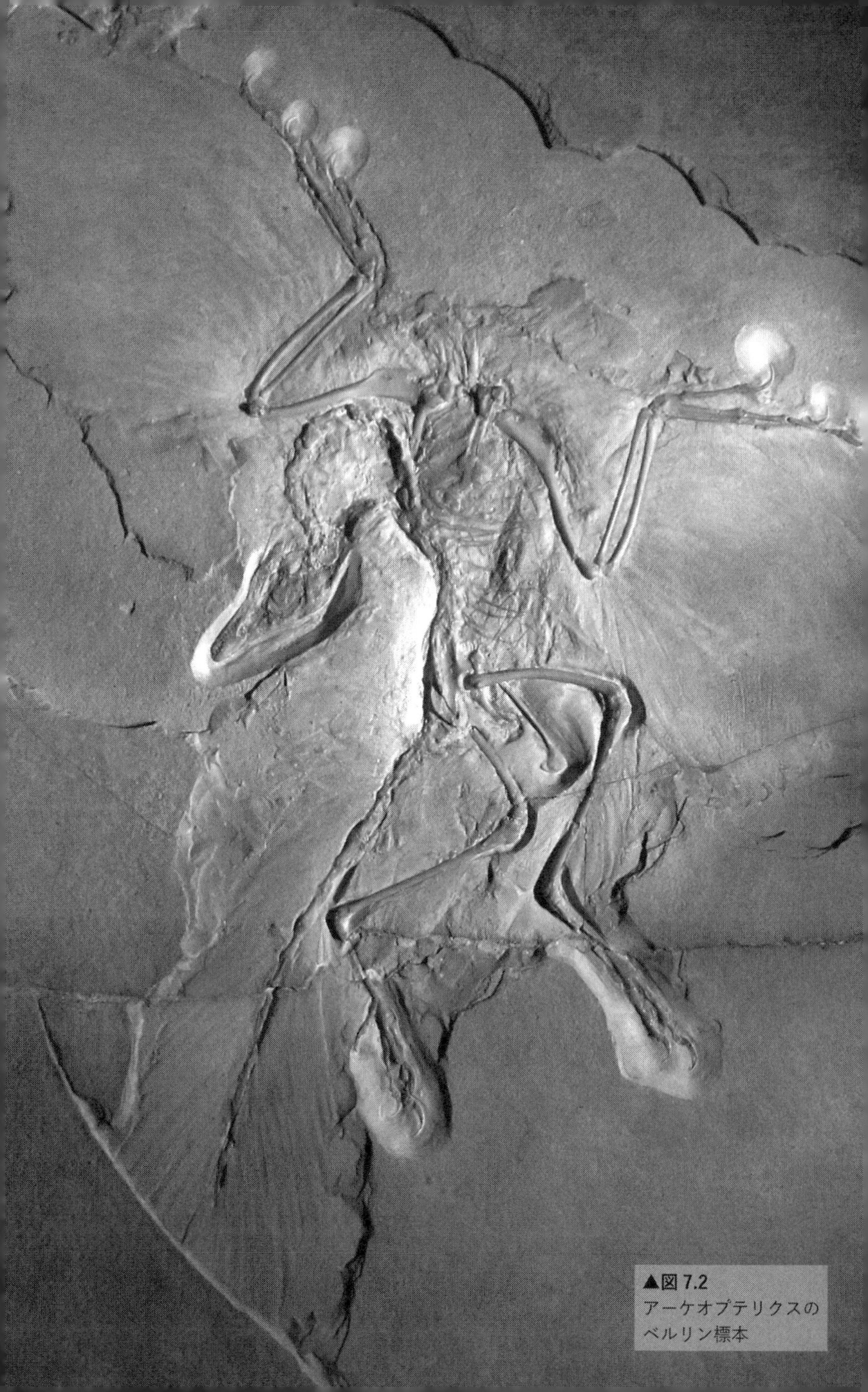

▲図 7.2
アーケオプテリクスのベルリン標本

靭帯《じんたい》が弛緩するために起こる。

一八七七年にハバレインがこの信じられないほどすばらしい化石を競売にかけると、多くの機関が購入の意思を示した。大英自然史博物館が興味を示しただけでなく、イェール大学の古生物学者オスニエル・チャールズ・マーシュも購入を申し出た。だが、最初のアーケオプテリクスがするりと逃げていった後だけあって、ドイツは自分たちの遺産を外国人に買い取られるのをよしとしなかった。エルンスト・ヴェルナー・フォン・ジーメンス（彼の会社は今でも幅広く事業を展開する巨大企業だ）に資金提供を受けて、ベルリンの自然史博物館（フンボルト博物館）が二万金マルク（一八七三～一九一四年にドイツ帝国で使用されていた通貨で、現在の金額で約二万一〇〇〇ドル［訳注：約二四〇万円］）で購入したため、今日では「ベルリン標本」として知られている。

ベルリン標本は何度も何度も研究されており、アーケオプテリクスについてわたしたちが知っていることの大半の基礎となっている。また、この標本はほぼ完全で、恐竜のような特徴と鳥類のような特徴の融合が明確に示されており、進化のミッシングリンクとしてはロンドン標本よりもさらに優れている。

アーケオプテリクスの化石はまれではあるが（これまでたった一二の標本しか発見されていない）、一八七七年にベルリン標本が公式に発表された後にもさらに発見された。ある化石（オランダ、ハールレムのテイラース博物館収蔵）は一八五五年に発見された後、翼竜の翼と誤認され、石灰岩から最初にアーケオプテリクスとして同定された標本が見つかるまでまちがえられたままだった。だが、一九七〇年にオストロムが詳細に調べてみると、翼竜ではなくアーケオプテリクスの翼の骨であることがわかった――かすかな羽毛の印象まであった。

また、一九五一年にドイツのヴォルカースツェルの近くで発見された別の標本（アイヒシュテットのジュラ博物館収蔵）は、既知の骨格の中でもっとも小さいがもっとも完全である。さらに別の化石が一九九二年に発見され、一九九九年にミュンヘン古生物博物館が一九〇万ドイツマルク（現在の金額で約一三〇万ドル〔訳注：約一億四八〇〇万円〕）で購入した。化石になる際にほぼ半分に折れていたが、この標本もほぼ完全だ。別の標本の胴（頭と尾は保存されなかった）は一九五六年にランゲナルトハイムの近くで発見され、所有者のエドアルド・オプティチが持ち帰るまで、長年マックスベルグ博物館に展示されていた。彼の死後は行方不明になり、盗まれたか闇市場に消えてしまった。

ほかの二つの部分的な化石は、いまだに個人が所有している。「ダイティング標本」（ゾルンホーフェンよりも若干新しいダイティング層から発見された）は、非常に短い期間しか展示されなかった。ゾルンホーフェンのブルガーマイスター・ミュラー博物館に一時的に預けられているもう一つの化石は翼だけである。また、別の重要な標本も長らく個人が所有していたが、何もないところにぽつんとあるアメリカのサーモポリスという町のワイオミング恐竜センターという小さな施設に寄託された。この標本はやや完全な化石の一つで、状態のよい脚と頭があるが、下顎と首がない。そして最後に、二〇一一年に一二番目の標本が発見されたと発表があったが、これも個人が所有しており、記載されたのはごく最近だ。

鳥、それとも恐竜？

一八六〇年代にハクスリーが気づいたように、アーケオプテリクスの骨格の大部分は恐竜のようであるため、ゾルンホーフェンの小型獣脚恐竜コンプソグナトゥスにまちがわれていた標本があったほどだ（図7・3）。ほとんどの恐竜と同じで（現生の鳥類とは異なり）、アーケオプテリクスには長い骨質の尾があり、穴が多数あいた頭骨には歯が生えていた。また、恐竜のような（鳥類のようではない）椎骨やストラップのような肩甲骨、典型的な恐竜と後の鳥類の中間にあたる寛骨《かんこつ》、腹肋骨（恐竜の腹部に見られる肋骨）があり、四肢には恐竜のようで鳥類のような独特の特殊化が見られる。

もっとも際立った特殊化は手首に見られる。すべての鳥類と例えばドロマエオサウルス類（デイノニクスやヴェロキラプトルやそれらの類縁）のような一部の肉食恐竜には、複数の骨が融合して形成された半月型の手根骨《しゅこんこつ》がある。この特徴はそれらの動物に固有のものだ。この骨は手首を動かすときに主要な蝶番《ちょうつがい》として働き、ドロマエオサウルス類は、下向きに曲げるすばやい動作で、手首をのば

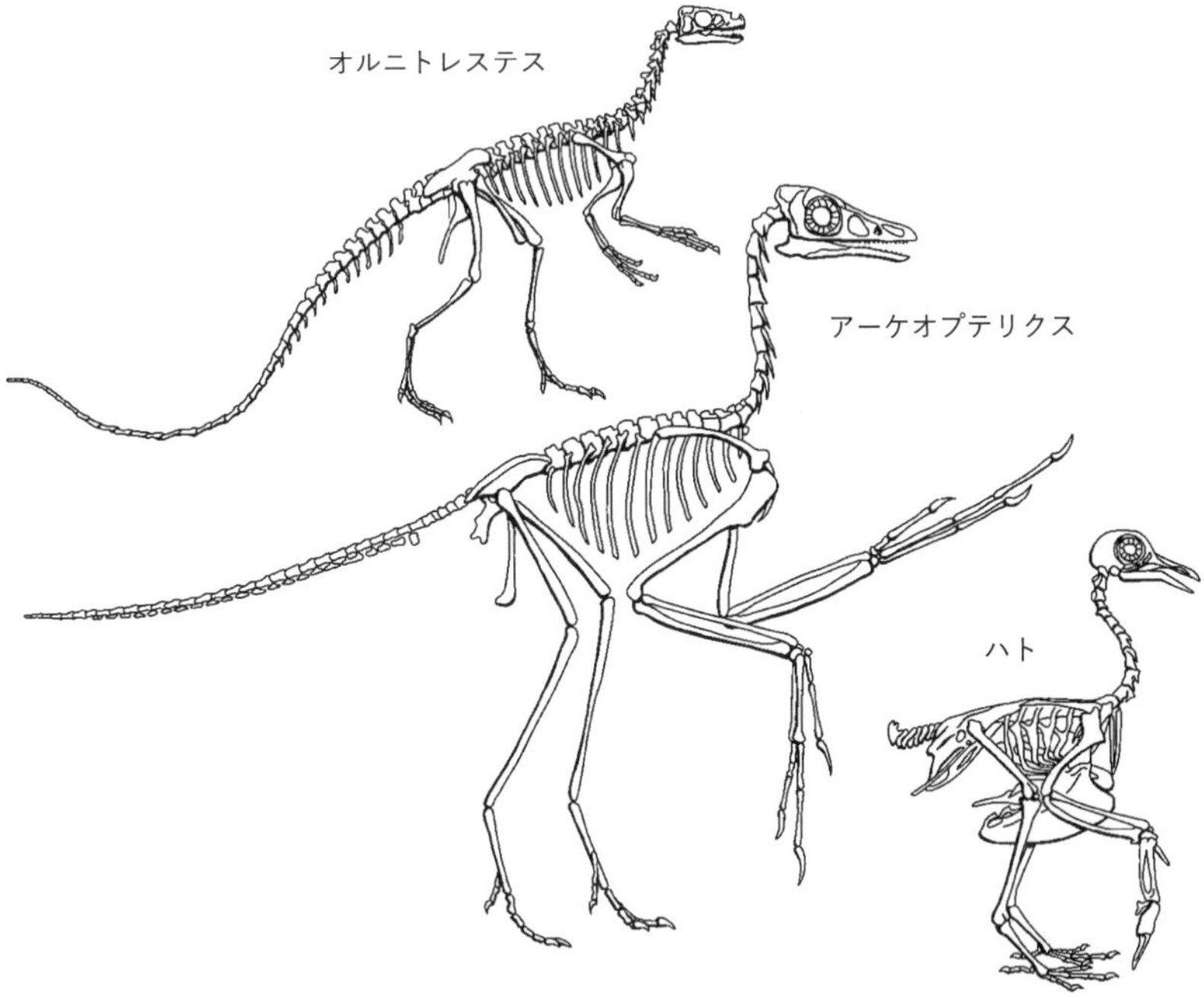

▲**図 7.3**　小さな恐竜オルニトレステスとアーケオプテリクスとハトの骨格の比較

して獲物をつかむことができた。これは偶然にも、鳥が羽ばたいて下向きに翼を動かす動作の一部とまったく同じだ。アーケオプテリクスには、ほかのほとんどの恐竜と同じ三本の指（親指、人差し指、中指）があり、人差し指が圧倒的に長い。さらに、その鉤爪は肉食恐竜のものに非常によく似ている。

アーケオプテリクスの後肢には恐竜らしい特徴が多く見られる。もっとも目をひくのは足首だ。すべての翼竜と恐竜と鳥類には特殊な関節がある。典型的な脊椎動物の足首は（あなたの足首のように）脛骨と足首の骨の一列目が蝶番で動くのだが、翼竜と恐竜と鳥類の場合には、足首の骨の一列目と二列目が蝶番に発達している――つまり、足首の中に蝶番があるのだ。したがって、足首の骨の一列目はほとんど機能しておらず、実際、アーケオプテリクスの足首の骨の一列目は、多くの鳥類と恐竜と同じように、脛骨の先に融合して小さな骨の「キャップ」になっている。今度骨つきのチキンや七面鳥の足（つまり頸骨）を食べるときに気がついてほしいのだが、肉のあまりついていない「持ち手」部分にある、食べられない軟骨でできたキャップは、じつは恐竜のような先祖から受け継いだ名残なのである。

加えて、足首の骨の一列目の前面には、脛骨の前面に続く骨の突起があり、これも一部の恐竜や鳥類に固有の特徴だ。最後に、足の指の骨の個々の要素や構造、そして短い足の親指も、肉食恐竜と鳥類に固有のものである。アーケオプテリクスは、ほかの指と向かい合わせにして、上手に枝をつかんだり枝にとまったりすることができる鳥のような親指を持ってはいなかった。しかし、最近の研究によれば、後ろの足には「ジュラシック・パーク」のヴェロキラプトルに見られるような小さな「鋭い鉤爪」があったとされている。

これらすべての証拠によれば、アーケオプテリクスは基本的に羽毛恐竜なのに、なぜ鳥と呼ばれるのだろうか。実際、鳥類に固有な特徴で、ほかの肉食恐竜には見られないものはほんの少ししかない――ほとんど完全に逆を向いている親指、縁がステーキナイフのようにギザギザになっていない歯、ほかの恐竜と比較すると相対的に短い尾、ほかのほとんどの肉食恐竜に比べると長い腕などしかない。羽毛や融合した鎖骨（叉骨）を含むそのほかのすべての特徴は、今ではほかの恐竜にも見つかっている。アーケオプテリクスの羽毛は肉食恐竜の羽毛よりも進化しており、軸が片側に寄った非対称な形なのだが、これはほとんどの現生の鳥のようにとまではいかないものの、アーケオプテリクスが飛べた証拠であるという人もいる。

鳥が飛び立つ

アーケオプテリクスは、ダーウィンの『種の起源』の出版後にはじめて発見された移行化石として革命的なもので、どのように一部の恐竜が鳥類に進化したのかを示してくれた。その後、初期の鳥類の化石記録は爆発的に増えている。特に過去三〇年間で、保存状態が良好な化石鳥類が中国で大量に見つかっている。中国北部の遼寧省にある前期白亜紀の化石層から発掘されたものの中には、地を揺るがすような大発見が数々あり、そこは世界でもっとも重要な化石産地の一つになっている。湖沼に堆積したこの繊細な頁岩には、例えば体の輪郭や羽毛や毛皮など、化石の特徴がすばらしい質で保存されているし、骨が一本も失われていない完全な状態のつながったままの骨格や、時には羽毛の色や胃の内容物まで保存されているのだ。

過去一〇年間は数か月ごとに、これらの堆積物から新しい大きな発見があったという発表があり、それまでの鳥類と恐竜に関する説がほぼすべて時代遅れになってしまった。もっともすばらしいのは、よく発達した羽毛を持つが、明らかに空を飛ばない、鳥ではない恐竜の数々だ（図7・4）。シノサウロプテリクスやプロターケオプテリクス、シノルニトサウルス、カウディプテリクス、最大の獣脚類のベイピアオサウルスや小さなミクロラプトルなど、驚くほど完全な標本が見つかっている。

これらの恐竜のほとんどには、羽毛を飛翔に使っていたことを示す風切り羽やほかの特徴がまったく見られない。そのかわりにこれらの化石が示しているのは、羽毛が肉食恐竜に一般的な特徴だったかもしれないということだ（ほかの恐竜の多くにも、さらにひょっとしたら翼竜にも一般的だったのかもしれない）。ということは、羽毛は飛翔のために進化したのではなく、おそらく保温のために進化し、飛翔用の構造に後で変化したのだろう。

▲図 7.4　中国遼寧省で発見されたシノサウロプテリクス
飛ばない、鳥ではない羽毛恐竜
A：化石
B：生きていた姿の復元

二〇〇三年、リチャード・プラムとアラン・ブラッシュが羽毛の起源を徹底的に再考する論文を発表した。その中で、羽毛は鱗が変化したものではなく（かつてはそう考えられていた）、同じような胚の原基から発生し、異なる遺伝子に発達が制御されていることが示された（図7・5）。

「タイプ1」の羽毛は中が空洞の単純な羽軸《うじく》で、原始的な恐竜とトリケラトプスやその類縁を含む別の系統の恐竜に現れた。

「タイプ2」の羽毛は羽弁《うべん》のない綿羽《ダウン》だ（例えば、シノサウロプテリクス）［訳注：羽弁とは羽軸の両側に羽枝《うし》およびさらに細い小羽枝《しょううし》が並ぶ構造］。

「タイプ3」の羽毛には羽弁も羽軸もあるが、例えばユウティラヌスや、延長線上で考えればティラノサウルス・レックスのような、面ファスナーのようにくっつく小羽枝がない。「タイプ2」と「タイプ3」の羽毛が大型恐竜ベイピアオサウルスに見られることから、例えばドロマエオサウルス類のような、進化した肉食恐竜にも存在したとみられる。

「タイプ4」の羽毛には、羽弁をつないで連続した平面にする小羽枝があるが、羽軸は羽毛の中央にある。このタイプの羽毛はカウディプテリクスに出現したもので、例えばオヴィラプトル類、ドロマエオサウルス類のような、より進化した肉食恐竜の特徴だったと考えられる。

そして、羽弁の近くに羽軸がある、典型的な非対称の風切り羽が現れたのがアーケオプテリクスであり、このため、アーケオプテリクスが長く先祖から受け継いできた羽毛を真の飛翔用に変化

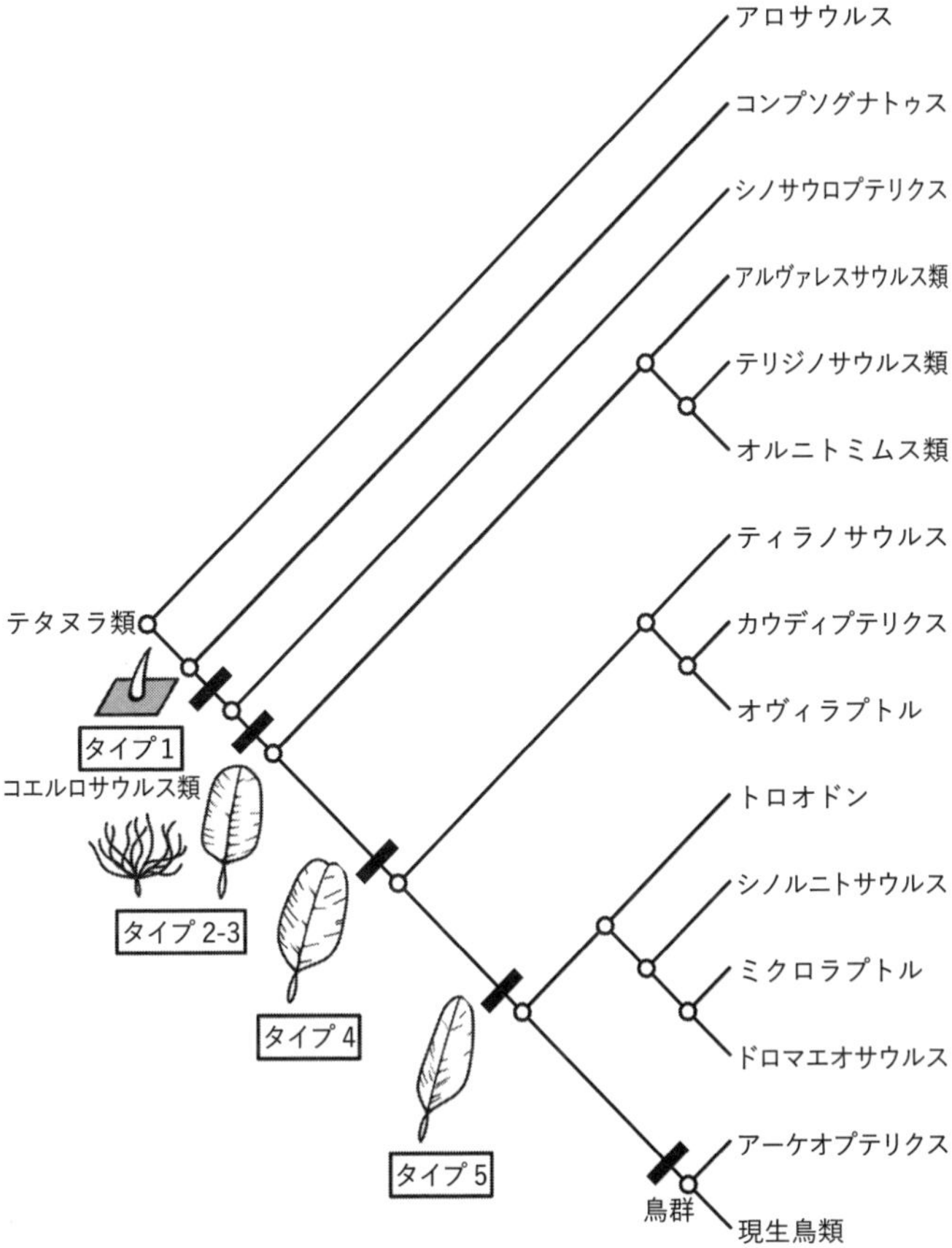

▲**図 7.5**　恐竜と鳥類の羽毛の進化

させた初の移行的な「恐竜鳥」の一つだと多くの科学者が考えている。

鳥の系図をアーケオプテリクスからたどっていくと（図7・6）、マダガスカルの白亜紀の地層から発見されたラホナビスがいる。ラホナビス（図7・7A）はカラスぐらいの大きさで、後ろ足には原始的な鎌状の鉤爪があり、骨質の長い尾や歯など恐竜の特徴を多く持っているが、鳥のような特徴も見られる――腰の椎骨が骨盤に融合していること（複合仙骨）、現生の鳥類に見られる血管や気嚢のための仙骨の穴、羽毛があって飛べたかもしれないこと（驚くことではないが）を示唆する羽軸瘤（骨にある小さな瘤で、そこに風切り羽がついている）が指にあること、そして、腓骨《ひこつ》（脛の骨の細い方）が足首に届いていないことなどだ。鳥類の腓骨は、わたしたちがチキンや七面鳥の足の骨つき肉を食べるときにある骨の小片に退化しているが、アーケオプテリクスは恐竜のように完全に発達した腓骨を持っていた。

次のステップはコンフシウソルニス（孔子鳥）とその類縁で、歯のない嘴《くちばし》があり（鳥類として初）、高等な鳥のすべてに見られる固有の特徴を持っていた。そのユニークな特徴とは尾骨のことで、恐竜の尾の椎骨がすべて融合して一つの「人間の鼻」のような形になっている。また、多くの腰の椎骨が融合して複合仙骨を形成し、肩を強化する長い骨もあって、飛翔能力が向上していた。最近、発生学的な実験で、尾骨の発達を抑制し尾骨を短く保つ鳥の遺伝子が解き明かされ、恐竜だった祖先の尾に似た長い骨質の尾を持つヒヨコをつくることに成功している。

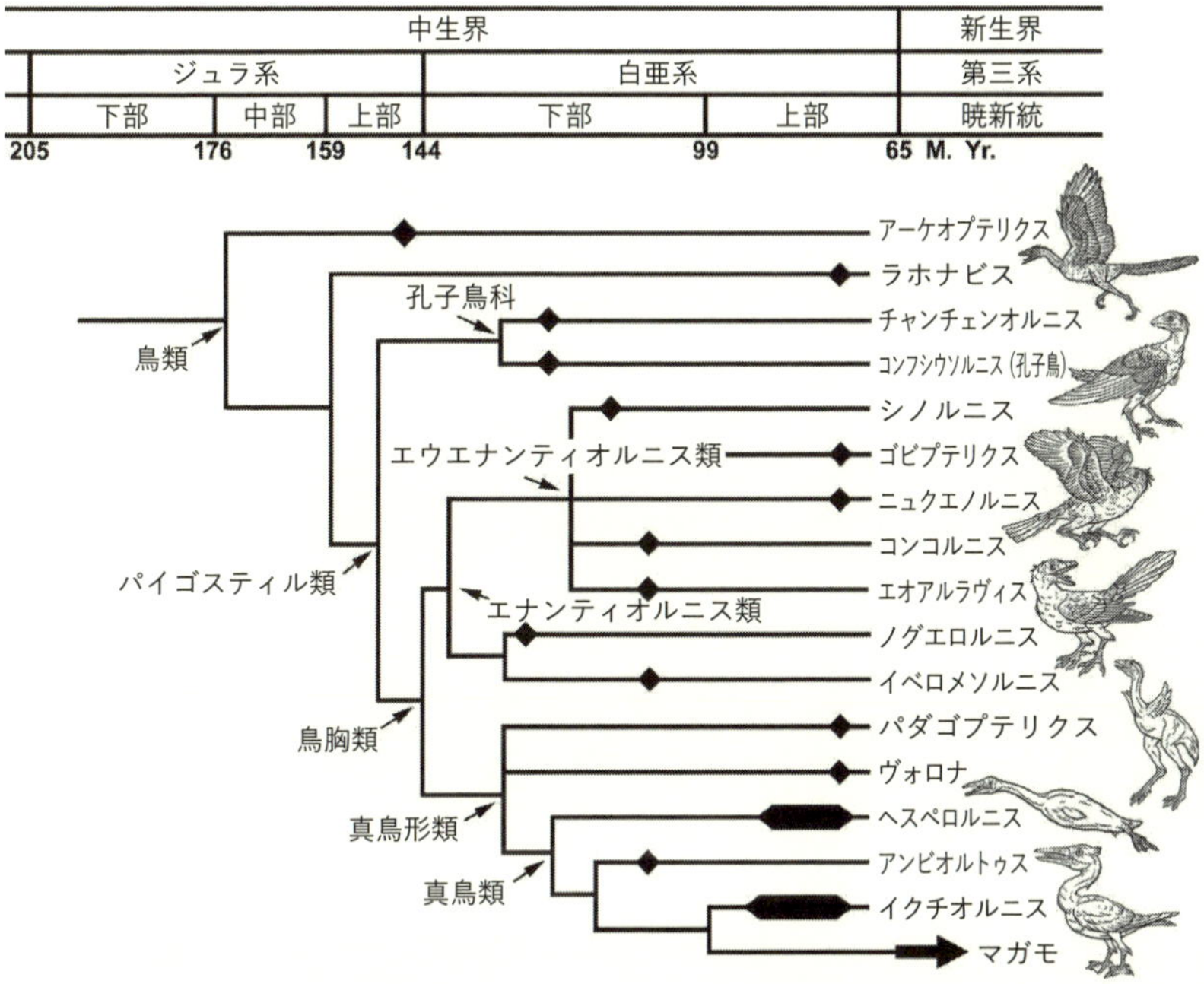

▲**図 7.6**　中生代の鳥類の系統図

移行的な形態をたどっていくと次の分岐点があり、絶滅したエナンティオルニス類、またの名を反鳥類（サカアシチョウ類とも。下肢骨が現生の鳥類とは逆の方向に融合していること、そして肩甲骨が通常とは異なる状態にあるため、そう命名された）にたどり着く（図7・6）。エナンティオルニス類には、白亜紀のスペインのラス・オヤスの地層から発見されたイベロメソルニス、中国のシノルニス（図7・7B）、モンゴルのゴビプテリクス、アルゼンチンのエナンティオルニスなど多くの種が含まれる。これらの鳥はすべてアーケオプテリクスやラホナビスやコンフシウソルニスよりも特殊化しており、数が減少した胴の椎骨、柔軟な叉骨、飛翔により適した肩関節、融合して腕掌骨《わんしょうこつ》と呼ばれる骨になった手骨、ほとんどが融合して一つになった指節骨（鶏手羽肉でわたしたちがけっして食べない身がなくて骨っぽい部分）などの特殊化が見られる。

系図をさらにたどっていくと、いくつかの白亜紀の鳥にたどり着く。例えば、マダガスカルのヴォロナ、アルゼンチンのパタゴプテリクス、カンザス州の白亜層で見つかった有名な水鳥のヘスペロルニスやイクチオルニスなどだ。これらの鳥は少なくとも一五の明確に定義された進化的な特殊化でまとめられている。お腹の肋骨（腹肋骨）が失われていること、恥骨が現生鳥類のように坐骨に平行な位置に再配置されていること、胴の椎骨の数が減少していること、飛翔能力を改善する手や肩に見られる多くの特徴などだ。イクチオルニスはさらに現生の鳥類に近く、飛翔に必要な筋肉の支点となる竜骨《りゅうこつ》突起が胸骨にあり、瘤のようなものが上腕骨の上にあって翼の柔軟性が増していた。そして最

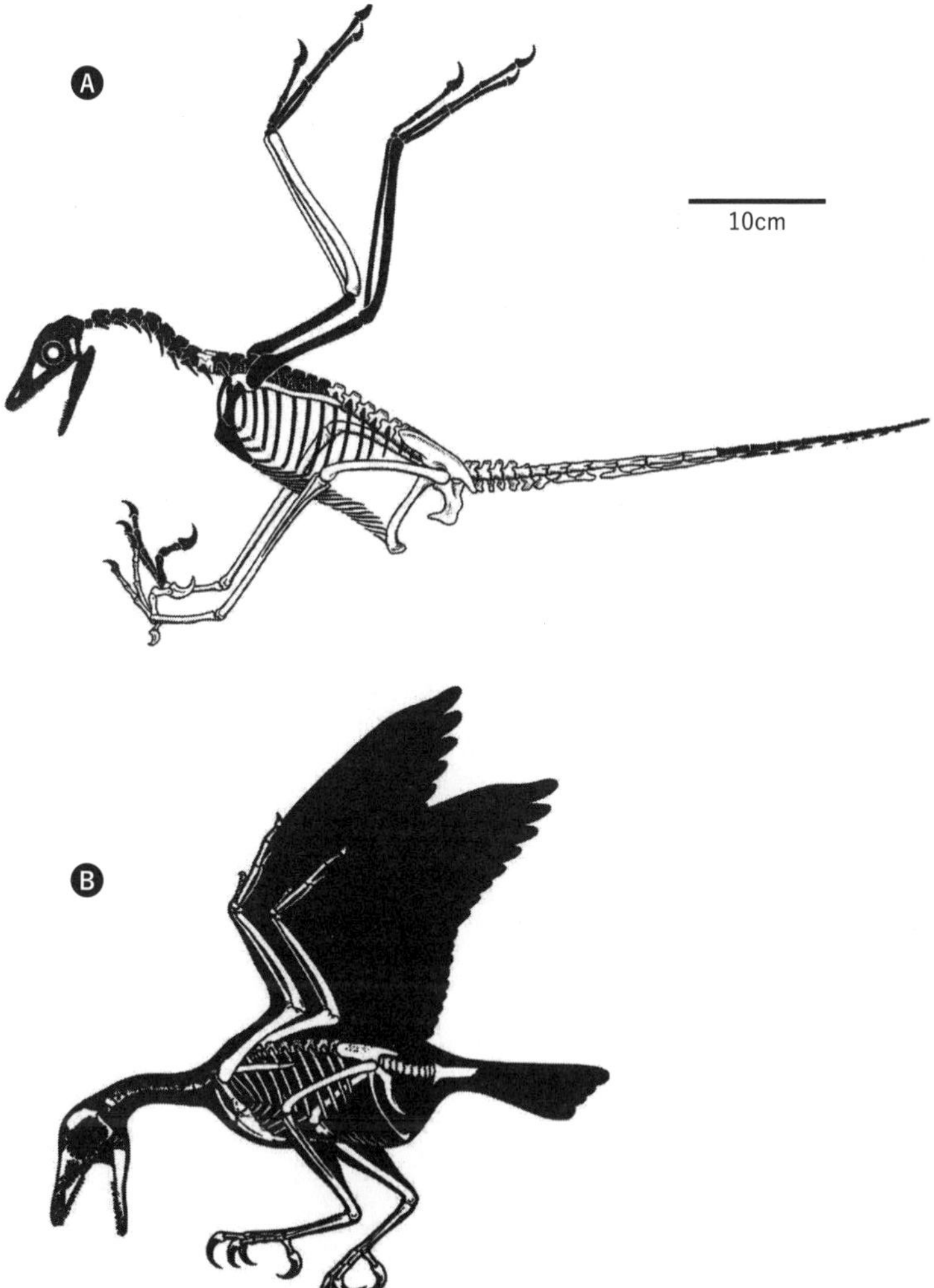

▲図 7.7　白亜紀の鳥類
A：マダガスカルで発見されたラホナビス
B：中国で発見されたシノルニスの復元図

後に、鳥綱の現生のメンバーをすべて含むグループは、歯が完全に失われていることや多くの解剖学的な特殊化（例えば下肢骨が融合して跗蹠骨《ふしょこつ》を形成していることなど）で定義されている。

＊　＊　＊

最初のアーケオプテリクスの化石が発見されて以来、さまざまな進展があった。最初の化石が発見されたときには、ダーウィンの進化論の証拠を強固にするものとして重要な役割を果たした。そして、数十年間、鳥類の起源と飛翔の起源に関する議論の中心だった。だが今では、アーケオプテリクスは、恐竜について――特に鳥類について――わたしたちの見方を完全に変えた数百ある恐竜時代のすばらしい化石鳥類の一つでしかない。恐竜はまだ絶滅していない。今この瞬間も鳥かごの中にとまっていたり、あなたの庭を飛んでいたりするのだ。羽毛恐竜が飛んでいるのを見るとき、ヴェロキラプトルのような恐ろしい捕食者が、進化によってダチョウからハチドリまで、幅広い鳥類に変化した、その力に驚嘆しないではいられないだろう。鳥はすべて、現生の羽毛恐竜なのだ。

自分の目で確かめよう！

ゾルンホーフェンの産地はほぼすべて私有地にあり、所有者の許可がなければ採集できない。

アーケオプテリクスはこれまでたった12体の標本しか発見されていないため、さらなる標本が見つかる可能性は非常に低い。

アーケオプテリクスの標本のほとんどは非常に貴重で、個人が所有していて一般に展示されていないものもある。例えば、かつてマックスベルグ博物館に展示されていた化石は今は失われているし、ダイティング標本は展示されていない。最近記載された化石も個人が所有しているので展示されていない。しかし、多くの自然史博物館で正確なレプリカを見ることができるし、市販もされている。例えば、アメリカ自然史博物館などの博物館には、ベルリン標本とロンドン標本のレプリカだけではなく、公開されているアーケオプテリクスの化石のレプリカが多く展示されている。

わたしの知るかぎり、アーケオプテリクスの実際の化石が展示されているのは以下の通りだ。

- ロンドン自然史博物館：ロンドン標本（図7・1）。
- ベルリンにある自然史博物館（フンボルト博物館）：ベルリン標本（図7・2）。これはガラスで覆われた安全な保管室にある。
- サーモポリスのワイオミング恐竜センター：サーモポリス標本。
- ミュンヘン古生物博物館：部分的な標本。
- ドイツ、アイヒシュテットのジュラ博物館：ほぼ完全な標本。
- ドイツ、ゾルンホーフェンのブルガーマイスター・ミュラー博物館：翼の標本。
- オランダ、ハールレムのテイラース博物館：翼の標本。

第8章 哺乳類の起源・トリナクソドン

哺乳類とはちょっと違う生物

脊椎動物の主要な段階から次の主要な段階へと続く、数ある重要な移行の中で、もっとも完全でもっとも連続した化石記録で表されているのが、基本的な有羊膜類《ゆうようまく》から基本的な哺乳類への移行だ。それは中期ペンシルバニアン紀から後期三畳紀まで、つまり約七五〇〇万年から一億年にわたる。

——「単弓類の進化と真獣類ではない哺乳類の放散
(*Synapsid Evolution and the Radiation of Non-Eutherian Mammals*)」
ジェームス・ホプソン

原始哺乳類

化石記録の中で、もっとも完全で記録が充実している移行の一つは、最初期の有羊膜類から哺乳類への進化だ（図8・1）。文字通り、数百のすばらしい化石によって、ほぼすべての段階が記録されている。こうしたすべての化石原始哺乳類の正式名称は単弓類といい、単弓類には哺乳類の祖先が含まれるだけではなく、哺乳類そのものも含まれる。古生物学では「哺乳類型爬虫類」という古い用語はもう使われなくなった。なぜなら、哺乳類の系統（後期石炭紀のアーケオシリスやプロトクレプシドロプスに代表される）は最初期の爬虫類の系統（カメ、ヘビ、トカゲ、ワニやその類縁などの典型的な爬虫類）と同時に発生し、時を同じくして進化したからだ。最初期の哺乳類の祖先が爬虫綱だったことはけっしてないのだ。残念なことに、人生の早い段階で覚えた時代遅れの用語というものは捨て去るのが難しいので、書籍やドキュメンタリーの中でまちがった「哺乳類型爬虫類」という言葉がいまだに広く使われている。

よく知られている最初の単弓類は、フロッガマンダー［訳注：フロッガマンダー（frogamander）はカエル（frog）とサンショウウオ（salamander）をかけた言葉］をはじめとする多くの重要な化石が発見されているテキサス州北部の前期ペルム紀の赤色層（『11の化石・生命誕生を語る』第11章）で発見された。なかでも目

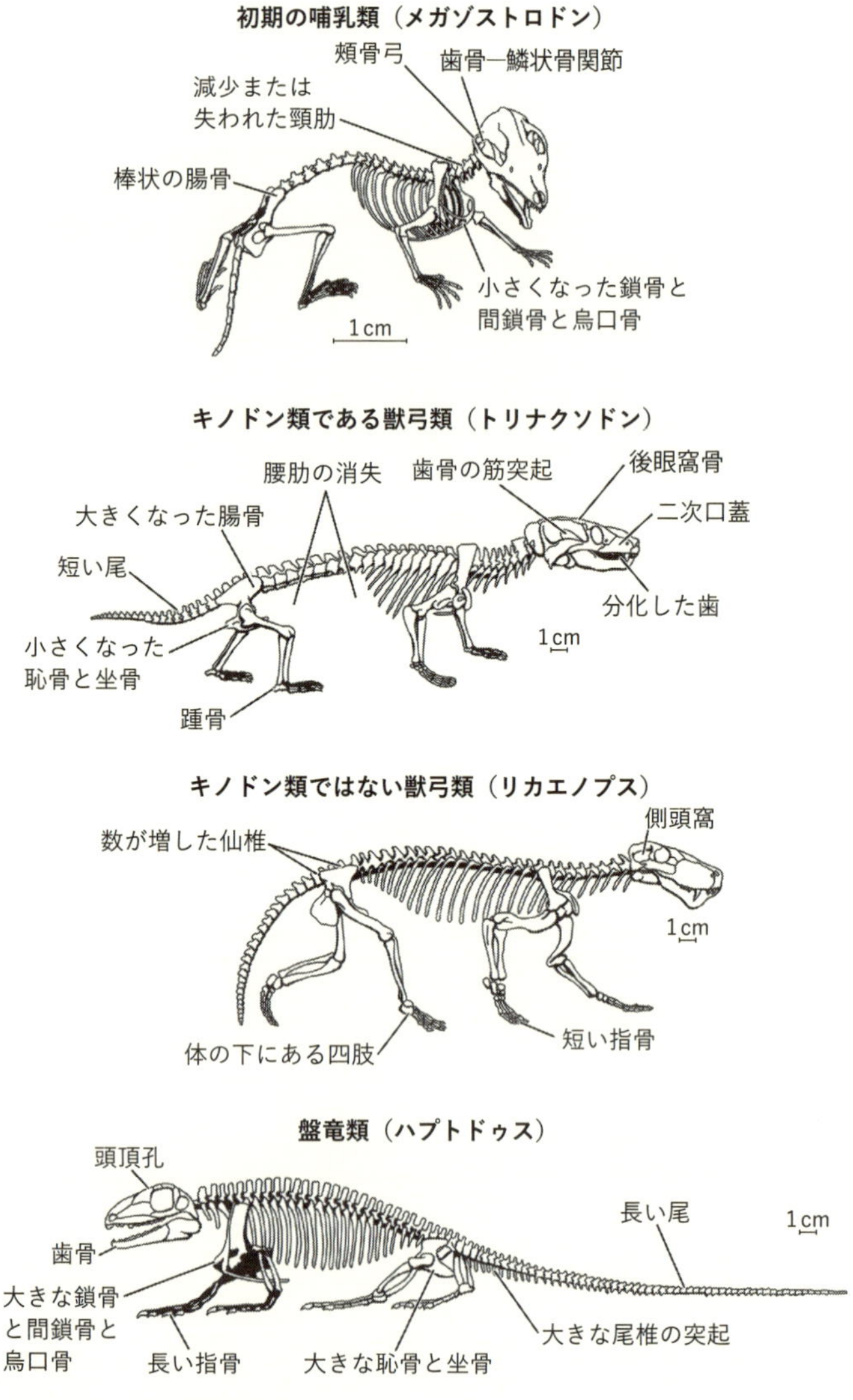

▲図 8.1　単弓類の骨格の進化
ハプトドゥスなどの原始的な盤竜類から、リカエノプスなどのキノドン類ではない獣弓類、トリナクソドンなどのキノドン類、そしてメガゾストロドンなどの真の哺乳類へと続く（図では下から上への順）

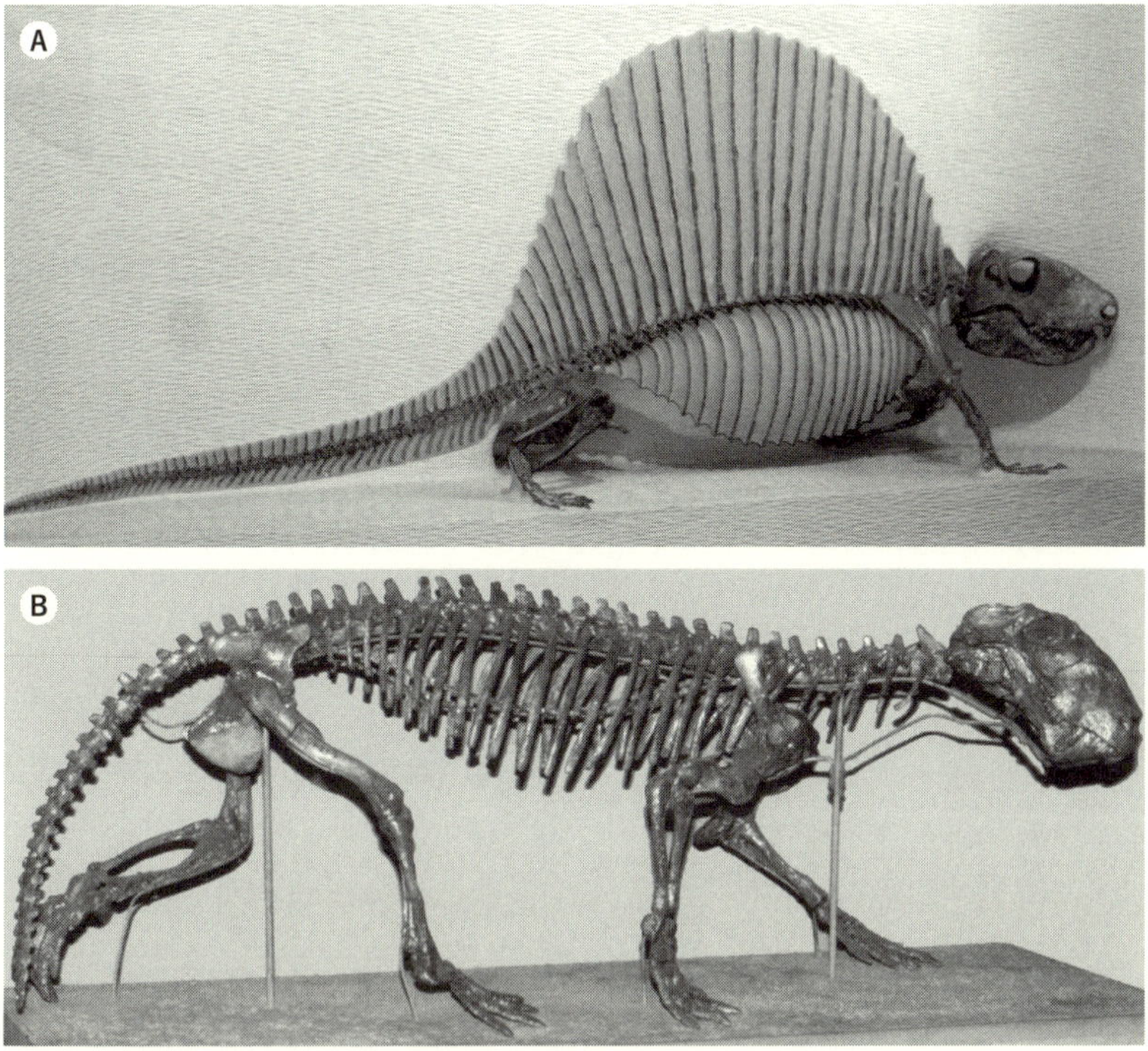

▲図 8.2　典型的な単弓類の骨格
A：背中に帆を持つ盤竜類のディメトロドン
B：オオカミのようなゴルゴノプス類のリカエノプス

を見張るのは、巨大な捕食者のディメトロドン（図8・2）や草食性のエダフォサウルスといった、背中に帆を持つ生物だ。これらの動物は子ども向けの恐竜の本や商品、恐竜が入っているプラスチックのおもちゃセットに含まれていることがあるが、恐竜とはまったく関係がない。彼らはわたしたちの先祖の一部である（悲しいことに、絶滅した動物ならなんでも恐竜だと思っている人が多い。先史時代の動物の商品の多くには、恐竜ではないのに恐竜というラベルがつけられた生物がたくさん入っている。マンモスやサーベルタイガー、魚竜や首長竜、翼竜などだ）。先史時代に生きていたり、絶滅したからといって、どんな動物でも恐竜と呼んでいいわけではない。恐竜であるためには固有の構造的な特徴が一式備わっていなければならず、いくつかある特徴の中でも、寛骨臼《かんこつきゅう》の穴、機能的な指が三本（親指、人差し指、中指）しかなく薬指と小指が退化している独特な手、足首の中の関節、などがなくてはならない。

ディメトロドンは、テキサスの前期ペルム紀の頂点捕食者だった。ディメトロドンはテキサスの赤色層にもっとも豊富に含まれる化石の一つで、ほぼ完全な骨格や数十の頭骨や部分骨格が見つかっている（図8・2A）。大きな個体は四・六メートル以上あり、地面から約一・七メートルの高さに達する帆を持ち、体重は最大で二五〇キログラムあった。

頭骨は細く圧縮されたもので、カーブした力強い顎には恐ろしい円錐形の鋭利な歯が並んでいた。歯の大きさはさまざまで、顎の前面に生えている犬歯のような大型のものから単純な円錐状の歯まであり、円錐状の歯は、口の側面にそって前から後ろへ小さくなっていた。実際、この特徴から、エドワード・ドリンカー・コープによって一八七八年に「ディメトロドン」（二つのサイズの歯）という属名が与えられた。哺乳類の特徴は、頭骨に見られる特殊化した歯以外は、唯一、頭の側面の下部にある穴（側頭窓《そくとうそう》）だけだ。下側頭窓は単弓類に典型的な特徴の一つで、特殊化した形のものがすべての哺乳類に見られる。おそらくそれは、力強い顎筋の付着点として機能し、噛むときに筋肉が盛り上がることを可能にしていたと考えられる。これは後の単弓類にとって非常に重要な特徴である。

ディメトロドンのみごとな帆（と同じ地層から見つかっている草食性のエダフォサウルスの帆）の機能については、長らく議論が続いている。諸説あるが、ディメトロドンは変温動物だったため、体を温めたり冷却したりするための装置だったのではないかと考える古生物学者もいる。帆を太陽に対して直角にすると急速に熱を吸収でき、太陽に対して平行にすると熱を逃がすことができたのだろう。しかし、同時期のほかの単弓類の多くは体温調節のための帆を持っていなかったことから、ディスプレイのためのものだったのではないか、という反論もある。つまり、ちょうど今日のレイヨウやシカの大型の角のように、同種のメンバーを識別したり、ほかの動物に自身の大きさや力を知らしめたりするためのものだったという。

グレート・カルー盆地

南アフリカの中心にはカルーと呼ばれる広大な砂漠地帯がある。カルーも多くの砂漠と同じで、灼熱と極寒、干ばつと洪水という両極端な環境だ。年間の平均降水量は二五〇ミリメートル以下で、そのほとんどが限られた雨季に降り、突発性の局地的洪水が数回発生する。ケープタウンから北をめざす南アフリカの開拓者にとって、カルーは草深い北部のハイフェルトに到達するためには必ず横断しなければならない大きな障害だった。カルーの植生はおもに多肉植物で、サボテンに似たトウダイグサ類、アロエ、砂漠特有の短命な植物、洪水や干ばつと極端な気温の変化に適応したさまざまな種類の植物が生えている。数々のレイヨウ（特に南アフリカの国の動物であるスプリングボック）、ヌー、ダチョウ、ゾウ、サイ、カバなど、こうした環境を生きのびられる動物がカルーをうろついている。かつてはクアッガという半分しか縞がないシマウマの一種もいた（すでに絶滅した）。そして、ライオンやヒョウ、ジャッカル、ハイエナなどの肉食動物がそれらを捕食していた。だが、灌漑が始まり、牧場でのヒツジやウマの飼育によって、もともと少ない餌が独占されてしまったため、わずかな生息数の野生動物がほぼ死に追いやられている。

カルーはわたしたちの生命史の研究にとって非常に重要な場所だ。カルー超層群はゴンドワナ大陸の最初期の氷河堆積物を含む上部石炭系（約三億一〇〇〇万年前）ドゥワイカ層群にはじまり、厚いペルム系（約三億～二億五〇〇〇万年前）エッカ層群とボーフォート層群が続き、史上最大の大量絶滅（約二億五〇〇〇万年前）を経て、前期三畳紀（約二億五〇〇〇万～二億三七〇〇万年前）にボーフォート層群が終わっている。これらのペルム紀～三畳紀の赤色層の上にはさらに三畳系ストームバーグ層群があり、最後にジュラ系ドラケンスバーグ火山岩類の溶岩流がある（約一億八〇〇〇万年前）。

ボーフォート層群には重要な後期ペルム紀と三畳紀の化石が豊富に含まれているため、この時代の陸地の時間を知るための基礎となっているほどだ。特に、ボーフォート層群はきわめて重要な単弓類とそのほかの後期ペルム紀の化石を産出する。それらの化石は哺乳類への進化の次の段階を示すものだ。カルーにはおびただしい数の頭骨や骨が地面から露出している場所もあり、古生物学者はよく選んで、もっとも壊れておらず風化していない頭骨だけを回収しなければならない。

そうした信じられないほどすばらしい化石は、スコットランド人のアンドリュー・ゲッデス・ベインによって、一八三八年にフォート・ボーフォートの近くの切り通しで最初に発見された。そして、初期に発見された化石のいくつかは大英博物館に送られ、リチャード・オーウェンによって記載された。十九世紀後半までにさらなる化石が次々とイギリスに届けられ、別のスコットランド人のロバート・ブルームの目にとまった。ブルームは早くも一八九七年には、それらが爬虫類ではなく、単弓類に関係する動物の化石であることに気がついていた。

グラスゴーで医師と解剖学者として教育を受けたブルームは、一九〇三年に南アフリカに移住し、医師として働きながら趣味で化石を集めはじめた。そしてすぐに数百もの後期ペルム紀の単弓類や、風変わりな爬虫類や巨大な両生類を採集し、記載した。そして、ケープタウンにある南アフリカ博物館の古脊椎動物学の学芸員になったのだが、給料があまりにも少なく、生活が苦しかった。友達のレイモンド・ダート（『6つの化石・人類への道』第6章）が首相のヤン・スマッツに手紙を書いて、彼の窮状を訴えてくれた。その結果、ブルームは一九三四年にプレトリアにあるトランスバール博物館に職を得ることができた。その博物館では、研究の対象を南アフリカ北部の氷河期の洞窟に移した。すぐにアウストラロピテクス・アフリカヌスやパラントロプス・ロブストスの標本など、初期のヒト科の動物を発見して名を馳せた。一九四六年にはアメリカ科学アカデミーのダニエル・ジロー・エリオット・メダルを受賞し、晩年には（八四歳まで長生きした）、単弓類古生物学と古人類学への先駆的な貢献がたたえられた。

ゴルゴーンの顔、恐い頭、二本の犬歯

この後期ペルム紀の赤色層からは驚くほど多様な単弓類の化石が発見されており、三〇〇〇万年以

上の単弓類の進化を示している。ただ、テキサス州の前期ペルム紀の地層から発見されている有名なディメトロドンのような、背中に帆を持つ初期の単弓類は含まれていない（図8・2A参照）。そのかわりに、より進化し哺乳類に近いさまざまな種類の単弓類が見つかっており、獣弓類《じゅうきゅう》と呼ばれるがらくた箱のような寄せ集めのグループにまとめられている。そのいくつかは最初の草食性陸生動物だった。例えば、歯のない吻と大きな牙が特徴的なディキノドン類（ギリシャ語で「二本の犬歯」）と呼ばれるずんぐりした生物は三・五メートル、体重は一トンに達した。また、別の草食動物のディノケファルス類（恐頭類）は、分厚い鎧のような頭蓋に瘤の列があり、厚みのある骨質の槌のような角がついていた。ディノケファルス類は最大で四・五メートル、体重は二トンに達した。

これらの草食動物を食べていたのは、さまざまな種類の獰猛《どうもう》な肉食の獣弓類で、ビアルモスクス類やテロケファルス類、バウリア類などがいた。もっとも目をひくのは恐るべきゴルゴノプス類（ギリシャ語で「ゴルゴンの容姿」）だ。巨大な頭骨にはあっと驚くような犬歯があり、噛むための力強い顎筋を持ち、頑強な体つきをしていた。最大のものはクマよりも大きく、頭骨の長さは四五センチメートル、サーベル牙の長さは一二センチメートルを超え、ワニのように腹ばいになった長い体は最長で三・五メートルあった。

後期ペルム紀にこれらの獣弓類が進化する間に、哺乳類のような特徴が次々と出現した。ディメトロドンの頭骨の側面にあった小さな穴は、眼の後方にある拡張された大きなアーチになり、強い顎筋がそこで膨らむことができるので、強力な咬合力が生まれ、ある程度咀嚼《そしゃく》も可能になった。爬虫類の口蓋は二次口蓋に覆われはじめ、鼻腔が仕切られた（二次口蓋はあなたが自分の舌で口内の天井部分をさわってみるとわかる）。二次口蓋のおかげで、獣弓類は食物を頬張りながら同時に呼吸ができるようになったのだが、これは代謝が速い動物には不可欠なことである。対照的に、典型的な爬虫類（例えばヘビやトカゲ）は、獲物を飲みこむときには息を止めなければならないものの、代謝が遅い。

獣弓類は頭骨の後ろの、首につながっている脊髄のすぐ下に球関節が一つあるかわりに、ダブルの球関節を持っており、頸筋《けいきん》の力が強く、柔軟性も増していた。また、獣弓類の骨格には多くの改変が見られ（図8・1参照）、初期の単弓類よりも外見が哺乳類に似ており、もはやワニ類のような腹這いの姿勢ではなく、半分腹這いまたはほぼ直立した姿勢になっていた。

耳にたこができそうな顎骨のお話

だが、さらに驚くような変化が顎と耳に起こった。ディメトロドンのような原始的な単弓類の顎骨《がっこつ》は、歯骨と呼ばれる歯が生えている主要な骨と、顎の後方にある歯骨ではない一連の骨（角骨《かくこつ》、上角骨、板状骨、関節骨など。さらに別の骨があることも多い）で構成されている（図8・3）。中でも関

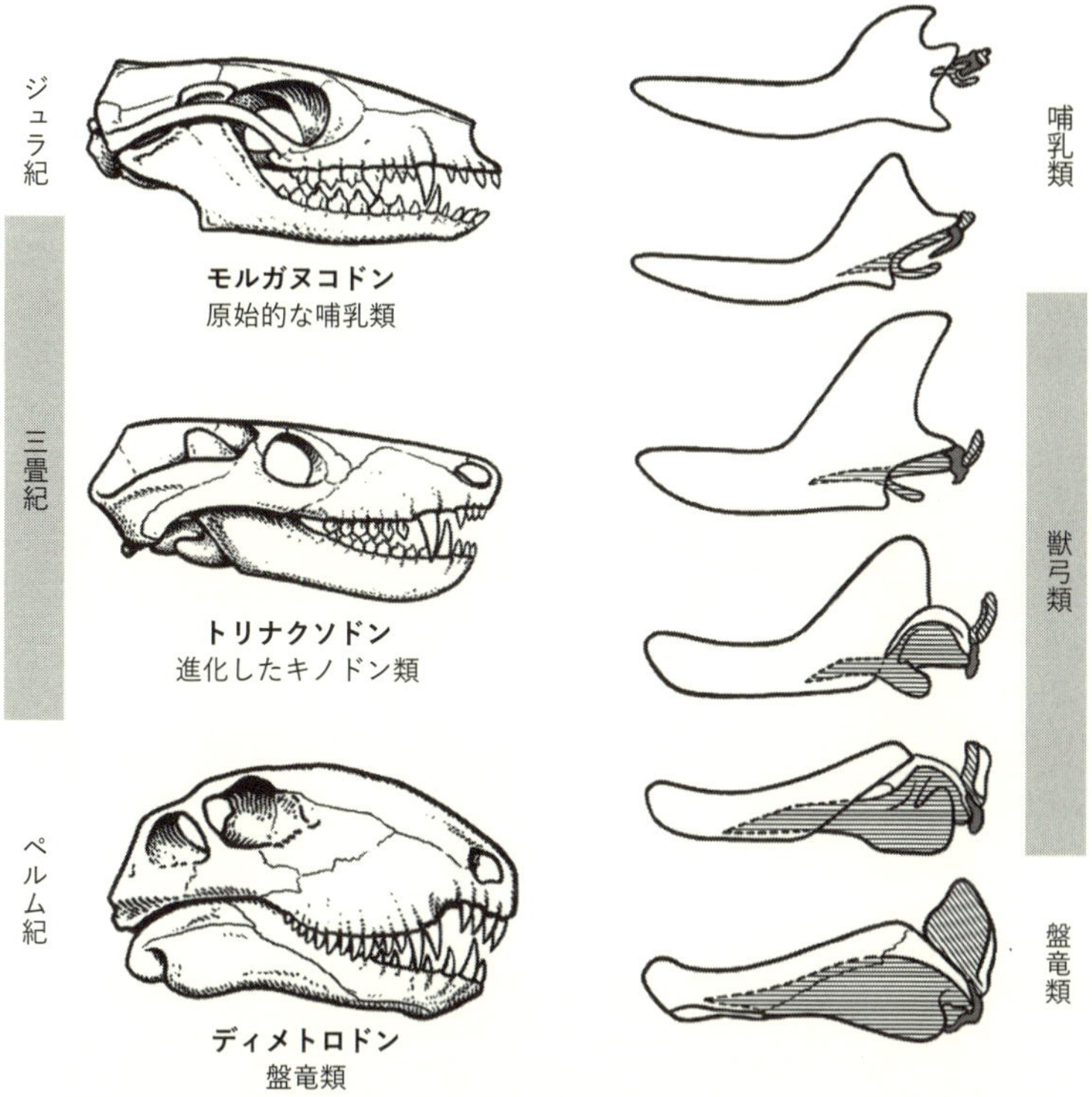

▲**図 8.3**　単弓類の進化における下顎の骨の漸進的な変化
歯骨以外の部分（斜線部）が小さくなり、歯骨（斜線なし）が後方に拡大して、歯骨以外の部分が押し出された。哺乳類では、歯骨以外の部分は、関節骨をのぞいてすべて失われている。関節骨は頭骨の方形骨とつながって、中耳の骨になった

節骨が特に重要で、頭骨の方形骨と蝶番《ちょうつがい》になって顎関節を形成している。だが、顎の後方にあるほかの余分な骨と縫合のせいで顎が複雑になり、一つの骨である場合に比べて弱く、獣弓類が複雑な咀嚼を発達させる際に不都合だった。したがって、咀嚼などの複雑な顎の動きに獣弓類が特殊化していくにつれて、歯骨が後方に拡大して、顎の後方にある歯骨以外の骨が押し出されていった。これらの骨は非常に小さくなり、機能が減少するにしたがって最終的に失われた。

唯一の例外は関節骨で、頭骨の方形骨についたまま顎関節の役割を果たしていた。そして、拡大した歯骨は鱗状骨《りんじょうこつ》という頭骨の別の骨と接し、新たな顎関節が形成された。ディアルトログナトゥス（ギリシャ語で「二つの顎関節」の意）などの数少ない単弓類の場合、歯骨―鱗状骨関節と方形骨―関節骨関節の両方が同時に機能しており、顎のそれぞれの側に文字通り二つの関節があった。

最終的に歯骨―鱗状骨関節に完全に取ってかわられたときに、何が起こったのだろうか。方形骨―関節骨関節は消えてしまったのか。いや、そうではない。進化の日和見主義のみごとな離れ業で、なんと中耳の骨に変化したのだ。鼓膜から内耳に振動を伝える「槌骨《つちこつ》、砧骨《きぬたこつ》、鐙骨《あぶみこつ》」のうち、方形骨が砧骨で、関節骨が槌骨なのである。信じられないような話だが、化石がそれを証明している。多くの爬虫類の場合、方形骨―関節骨関節が耳骨と顎関節の両方の役割を果たしているため、地面から顎で振動を拾い上げるときにだけ音が聞こえるわけだから、大いに納得がいく。

それどころか、さらに驚くべきことに、わたしたちを含むすべての哺乳類の一生の中でそれが起こる。わたしたちが初期胚だったころ、軟骨でできた方形骨と関節骨は初期の顎の軟骨にあった。そして、わたしたちが胚として成長するにつれて中耳に移動した――単弓類の進化史を通じて起こったように。

トリナクソドンが進化する

そして、史上最大の大量絶滅がペルム紀の末（約二億五〇〇〇万年前）に起こり、昆虫を含む陸生動物の約七〇パーセントと海生動物の九五パーセントが絶滅した。ペルム紀末の大量絶滅（古生物学者のダグラス・アーウィンの言葉を借りるなら「究極の大量絶滅」）の原因は複雑だが、この事件はシベリア北部の大半を覆いつくした巨大な溶岩流によって引き起こされたらしい。溶岩流によって温室効果ガス（特に二酸化炭素）が大気中や海洋に大量に放出された。地球は「超温室」状態の惑星に様変わりし、海洋は二酸化炭素が過飽和になって、極度に熱く酸性になり、海で生きていた生物のほぼすべてが死滅した。大気は酸素があまりにも少なく、二酸化炭素があまりにも多い状態になって、ある大きさ以上の陸生動物はほぼすべて絶滅したが、単弓類や爬虫類、両生類、そのほかの陸上生物のごくわずかな小さな系統だけが、ペルム紀末の地獄のような状態を何とか切り抜け、その直後の三畳紀の最初期の世界まで生きのびた。

後期ペルム紀の獣弓類が大量絶滅でほぼ姿を消した後、単弓類は一からやりなおし、キノドン類（ギリシャ語で「犬の歯」の意）と呼ばれる、より哺乳類に似ている単弓類の三番目の進化的大放散が起こった。キノドン類にはクマぐらいの大きさで、体の長さが一〜二メートル、頭の大きさが六〇センチメートルを超えるキノグナトゥス（犬の顎）と呼ばれる動物や、それより小型でアライグマからイタチサイズの種が多くいた。大半のキノドン類の姿勢は進化しており、四肢が完全に体の下にあって、速く走ることができた（図8・1参照）。

歯骨以外の顎骨は非常に小さくなり、顎の内側後方の蝶番の近くの一片に退化した。現生の哺乳類のように、喉まで続いている二次口蓋があり、活動的で代謝が速かったことを示す特徴がほかにも多く備わっていた。また、原始的な単弓類の単純な釘状の歯のかわりに、複数の咬頭《こうとう》がある臼歯を持つ種が多いことから、爬虫類のように食物を丸飲みするのではなく、複雑な咀嚼運動が可能であったとみられる。

原始的な有羊膜類から哺乳類への移行は、じつに豊富な単弓類内の移行化石で示されているため、一番重要なミッシングリンクとして特定の化石を一つあげるのは不可能だ。だが、どうしても一つだけ選ばなくてはならないなら、トリナクソドンがいいだろう（図8・4、図8・1参照）。トリナクソドンは、背に帆を持つ前期ペルム紀の動物とカルーの中期から後期ペルム紀の獣弓類（図8・3参照）の

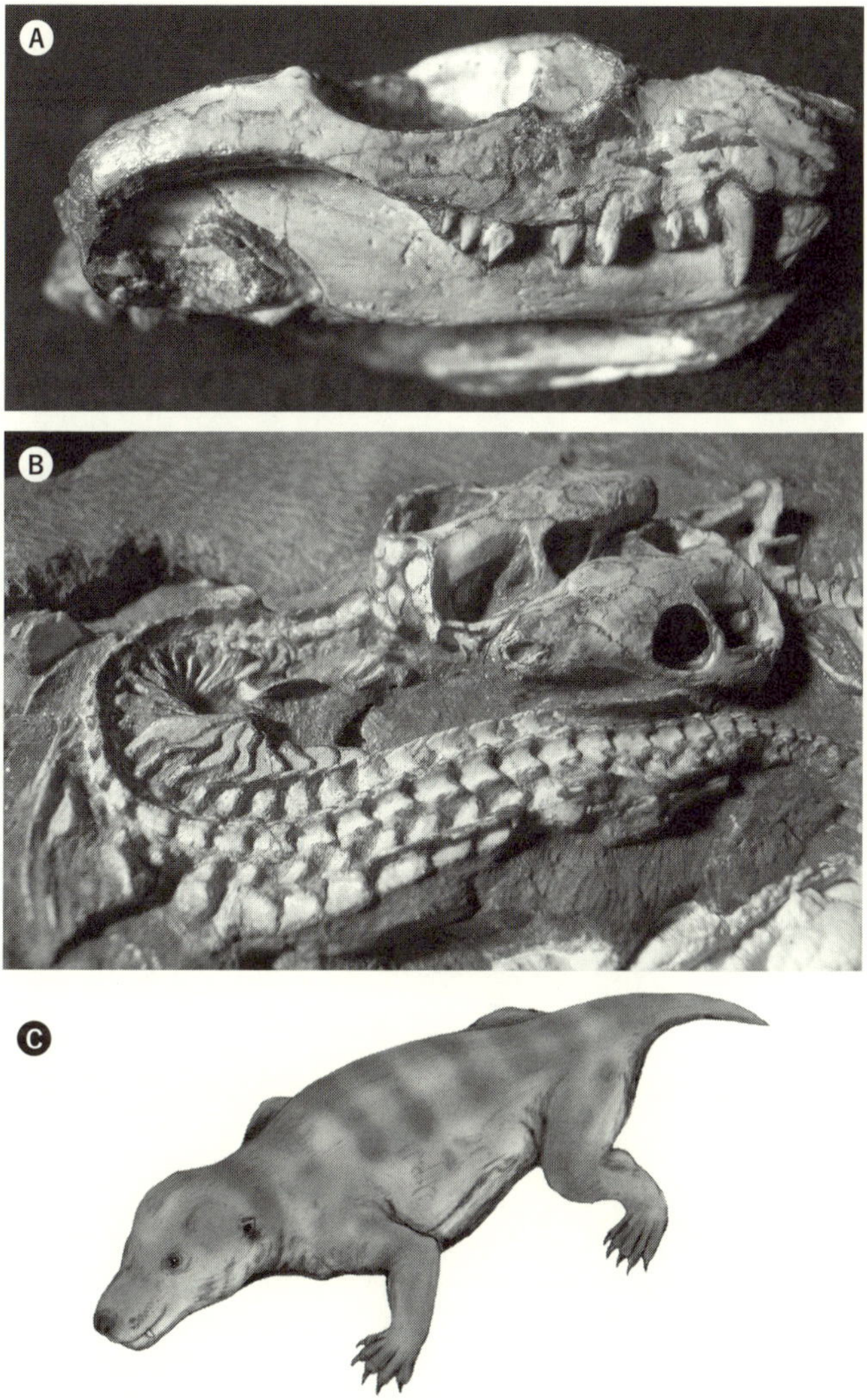

▲図 8.4　トリナクソドンは、イタチのような姿をした前期三畳紀の進化したキノドン類で、毛や横隔膜や咀嚼できる歯など哺乳類のような特徴を多く持つ
A：幼獣の頭骨。トリナクソドン（三つ又の歯）という名前の由来になった3つの咬頭を持つ独特な臼歯が見られる
B：一緒に丸まったまま巣穴の中で埋まった 2 頭の個体
C：生きている姿の復元

後に起こった、キノドン類の放散の始まりの代表だ。トリナクソドンは最初期のキノドン類の一つで、単弓類が哺乳類に進化する最終段階の特徴が多く見られる最初の化石である。前期三畳紀（二億五〇〇〇万～二億四五〇〇万年前）の南アフリカのボーフォート層群によく見られ、ほぼ完全な標本がたくさんあるため、ほかの多くの単弓類に比べて生体構造と習性がよくわかっている。

トリナクソドンには二種あるが、どちらもだいたいイタチのような大きさと形をしており、吻が細長く、細長い体に短い脚がついている。一般的な体の長さは三〇～五〇センチメートル。歯骨が顎全体を占めており、歯骨以外の骨は小さな破片になっていた――爬虫類の方形骨―関節骨関節はまだあったのだが（図8・3参照）。二次口蓋は完全で、呼吸することと食べることを同時に行えた。眼が大きく（暗闇や巣穴の中で見るため）、頭は比較的大きかった。その子孫と同じように、臼歯は単純な釘状ではなく、複雑な咬頭があり、大臼歯と小臼歯と呼ぶにふさわしいものだった。実際、トリナクソドンとはギリシャ語で「三つ又の歯」という意味で、三つの咬頭がある大臼歯を指している（図8・4A参照）。頭の側面と上部にある筋肉のための側頭の穴はたいてい大きく、複雑な咀嚼運動が可能だった。だが、ほとんどの哺乳類とは異なり、トリナクソドンには側頭の穴と眼窩をへだてる棒状の骨がまだあった。

吻の両側の骨には小さな洞があり、洞毛《どうもう》があったとみられる。もし吻に毛が生えていたのであれば、ほぼまちがいなく体全体が毛に覆われていただろう。通常、毛は化石として残らないので、これは哺乳類の系統の毛に関する最初の証拠かもしれない。

また、脚は短かったが、姿勢は半直立型で、体の下に脚があった（図8・1）。肩甲骨が進化しており、寛骨《かんこつ》（特に腰を脊柱につなぎ、脚の筋肉を固定する腸骨）が広く、より進化したキノドン類や哺乳類のようだった。肋骨は肺のまわりの胸部にのみはっきり認められ、腰の肋骨がすべて失われているのは哺乳類と同じだ。これによって胴体をしっかり曲げることができ、狭い場所で向きを変えたり、体をしっかり丸めたりすることが可能だった（図8・4B）。

さらに明らかになったのは、胸部肋骨に幅の広い縁があって胸郭がかなりかたく固定されていた可能性があり、ほとんどの爬虫類（そして、おそらく原始的な単弓類にも）に見られる肋骨の助けを借りる呼吸ができなかったことだ。そのかわりに、肺から空気を出し入れすることを助ける横隔膜（胸腔と腹腔の間の筋肉の壁）を持っていたはずだ。この筋肉はすべての哺乳類に存在する。

これらすべてのヒント——複雑な臼歯、洞毛、横隔膜——を合わせると、トリナクソドンはきわめて哺乳類のような動物で、おそらく毛皮に覆われており、代謝速度が速く、恒温性の生理機能を持っていたと考えられる。

加えて、浅い穴とみられる場所から、完全につながったトリナクソドンの標本がいくつか発見されている（図8・4B）。二つ以上の個体が巣穴に閉じこめられた状態で発見される例も多いし、一頭のトリナクソドンの化石と、一頭のブローミステガという両生類の化石が、穴の中で一緒に発見されたこともあった。その両生類はキノドン類の獲物だったのか、両方とも突発的な洪水から逃れるために穴に潜りこんでそのまま埋まってしまったのか、別の理由によるものなのかわからないが、不思議なつながりだ。

トリナクソドンは、もっとも原始的な単弓類が持つ爬虫類のような特徴と、進化したキノドン類が持つ哺乳類のような特徴の間に位置する、申し分のない移行化石だ。トリナクソドンはその小さなサイズ、体毛、複雑な歯、咀嚼能力、高代謝においてきわめて哺乳類的だったが、まだ爬虫類のような顎骨と顎関節を持ち、肩には爬虫類的な骨もあり、ほかにも原始的な特徴が見られる。大気中の酸素濃度が低く、二酸化炭素の濃度が高く、オゾン層が薄い、ペルム紀末の大量絶滅直後の過酷な三畳紀の世界から身を守るために巣穴にすんでいた。また、おそらく巣穴は当時の大型捕食者から身を守る役目も果たしていたと思われるので（そして眼が大きかったことを合わせると）、狩りはおもに夜に行っていたと考えられる。体の大きさからは、小さな爬虫類を捕食していたか、または、とりわけ、ほとんどの捕食者が絶滅した世界に豊富にいたであろう昆虫やほかの節足動物を捕食していたとみられる。

トリナクソドンは中期三畳紀には絶滅したが、より進化したキノドン類の子孫が世界を征服した。ほかの動物のグループ（特にワニ類の原始的な類縁や最初期の恐竜）が出現しはじめたにもかかわらず、そのまま三畳紀を支配しつづけた。後期三畳紀にはキノドン類は死に絶え、疑いの余地のない哺乳類（歯骨―鱗状骨関節と複雑な臼歯を持つ）が出現した（図8・1参照）。それらはトガリネズミぐらいの大きさしかない生物だったが、台頭してきた巨大な恐竜が席巻する世界で生きていた。その後、一億二〇〇〇万年間（哺乳類の歴史の三分の二）、こうした中生代の哺乳類は小さいまま生きのび（トガリネズミからラットサイズ）、複雑な歯やほかの特徴を進化させていった。恐竜に見つからないようにやぶの中に隠れ、恐竜が寝ている夜間に活動した。そして、六五〇〇万年前に非鳥類型恐竜が絶滅すると、哺乳類がこの惑星を受け継いだのである。

自分の目で確かめよう！

ディメトロドンやテキサスの前期ペルム紀の赤色層で見つかった多くの単弓類は大きな博物館によく展示されている。ニューヨークにあるアメリカ自然史博物館、デンバー自然科学博物館、シカゴにあるフィールド自然史博物館、マサチューセッツ州ケンブリッジにあるハーバード大学の比較動物学博物館、ノーマンにあるオクラホマ州立大学のサム・ノーブル・オクラホマ自然史博物館などで見られる。

後期ペルム紀と前期三畳紀の単弓類の多くは南アフリカやロシアにある発見地に近い博物館に展示されているが、アメリカ自然史博物館にもいくつか展示されている。

あとがき

地球の生命史はきわめて複雑な物語だ。現在、地球上にはおよそ五〇〇〇万から一五〇〇〇万種が生息している。今までに生息していたすべての種の九九パーセント以上が絶滅したので、三五億年かそれよりも昔に生命が誕生して以来、地球には数億種かそれ以上いたことになる。

そのため、絶滅した数億種の代表として、化石をたった二五個*だけ選ぶのは簡単ではない。わたしは、進化の上で画期的な出来事を表す化石に重点をおくことにした。それらは、主要なグループがどうやってはじめに進化したのかという決定的な局面を表していたり、一つのグループから別のグループへの進化的な移行を明確に示していたりするものだ。それに加えて、生命というものは単に新しいグループの出現だけではない。驚くほど多様な体の大きさ、生態的地位や生息環境への適応が見られる。というわけで、最大の陸生動物から最大の陸生捕食者、絶滅した巨大な海の生物まで、生命が達成しうるもっとも極端な例をあげることにした。

当然のことながら、数個だけ選ぶには、多くの生物を泣く泣く除外しなければならず、何を含めて何を省くかひどく悩んだ。比較的完全でよくわかっている化石に重きをおいて、確実に解釈するのが難しい多くの断片的な標本を除外した。科学者ではない一般の読者のことを考え、おもに恐竜と脊椎動物を選んだ。そのため、古植物学者と微古生物学者の友人たちには、彼らの分野をそれぞれ一章ずつ簡単にしか扱わなかったことを謝らなければならない。

どうかこの選択の難しさを理解し、本書で語ることにした物語の生物を受け入れてほしい。それらの化石があなたの人生を明るく照らしますように。

＊――『11の化石・生命誕生を語る』『8つの化石・進化の謎を解く』『6つの化石・人類への道』三巻合わせた数

訳者あとがき

本書はアメリカの古生物学者ドナルド・R・プロセロ著 “*The Story of Life in 25 Fossils : Tales of Intrepid Fossil Hunters and the Wonders of Evolution*”（二〇一五年、コロンビア大学出版）を三分冊したうちの第二巻です。

原著は生物の多様性や進化上の画期的な出来事を表す化石を二五個取り上げた長編なのですが、分量が多いため、日本語版では『11の化石・生命誕生を語る［古生代］』『8つの化石・進化の謎を解く［中生代］』『6つの化石・人類への道［新生代］』の三巻に分けました。

その第二巻である本書では、カメやヘビの起源から最大の恐竜、そして哺乳類の起源まで、年代でいうと三畳紀からジュラ紀、白亜紀まで、つまり約二億五二〇〇万～六六〇〇万年前までをおもに扱います。

中生代は恐竜が出現し、繁栄した時代です。著者のプロセロ博士は四歳で恐竜が好きになり、早くも古生物学者になることを決意したそうです。そして、コロンビア大学で博士号を取得した後は、カリフォルニア工科大学やコロンビア大学などで古生物学と地質学を教えてきました。地質学の教科書や一般書を含め三五冊以上の著書があります。また、先史時代の生物に関するテレビ番組にも出演しています。邦訳された本には『未確認動物UMAを科学する――モンスターはなぜ目撃され続けるのか』（化学同人、二〇一六年）があり、本書でもいくつかの未確認動物を検証しています。

では、おおまかに本巻の流れを追ってみましょう。

第1章ではカメの起源を考えます。カメのようでカメではない原始的なカメは、いったいどのような姿をしていたのでしょうか。背中の甲羅とお腹の甲羅のどちらが先にできたのでしょうか。第2章はヘビの起源です。四本脚の動物から二本脚の動物へ、さらに脚がないヘビへ進化したことを示す移行化石はあるのでしょうか。

第3章では史上最大の海生爬虫類である魚竜が取り上げられています。そして、科学者が天地創造やノアの洪水といった聖書にもとづく地球観を捨て去るきっかけをつくったメアリー・アニングという女性も紹介されています。第4章では、クロノサウルスという最大級の首長竜から、テレビ番組で特集された謎の巨大な首長竜、そしてネス湖の怪物ネッシーまで見ていきます。

第5章は史上最大の捕食者です。おなじみのティラノサウルスのほかに、どのような大型の捕食性恐竜がいたのでしょうか。第6章は史上最大の陸上動物です。いにしえの巨大生物、竜脚類はどのような生物だったのでしょうか。コンゴで今なお生きていると言われている恐竜モケーレ・ムベンベは本当にいるのでしょうか。

第7章では鳥の起源に迫ります。ダーウィンの進化論の証拠として重要な役割を果たした最初の鳥、アーケオプテリクスはどのような動物だったのでしょうか。羽毛恐竜や羽毛の起源についても考えます。そして、第8章はいよいよ哺乳類の起源です。移行化石が豊富なため、有羊膜類《ゆうようまく》から哺乳類への進化は非常によくわかっています。なかでも哺乳類のようでちょっと違う動物に焦点をあてます。

最大の捕食者、最大の陸生動物など、想像も絶するような過去の生物が出てきますが、全長や体重の推測の歴史を見ていると、いかに推測するのが難しいかがわかります。

そして、数値といえば、翻訳にあたり著者とやりとりするなかで、地質年代が常に調整され変化していることもつくづく実感しました。本書の年代も後年には改訂されているかもしれません。

また、古生物の学名で、日本語になっていないものや訳語が見あたらないものに関してはカタカナで表記しました。索引に採用した古生物で、原著に学名表記のあるものは、調べ物などに活用していただけるように、学名も載せました。

さあ、八つの化石を追いながら、遠い過去の世界を旅しましょう。進化の過程を詳細に示す数々の移行化石、さまざまな形態や想像を絶する大きさの過去の生物を見ているうちに、生物の多様性にあらためて気づかされることでしょう。

二〇一八年二月

江口あとか

図 6.6　Drawing by Mary P. Williams
図 6.7　Photograph courtesy R. Coria
図 6.8　A：photograph by the author、B：photograph courtesy M. Wedel
図 6.9　Photograph courtesy Fernando Novas
図 7.1　Courtesy Wikimedia Commons
図 7.2　Courtesy Wikimedia Commons
図 7.3　Drawing by Carl Buell; from Donald R. Prothero, *Evolution: What the Fossils Say and Why It Matters* [New York: Columbia University Press, 2007], fig. 12.6
図 7.4　Courtesy M. Ellison and M. Norell, American Museum of Natural History
図 7.5　Drawing by Carl Buell, modified from Richard O. Prum and Alan H. Brush, "Which Came First, the Feather or the Bird?" *Scientific American*, March 2003; from Donald R. Prothero, *Evolution: What the Fossils Say and Why It Matters* [New York: Columbia University Press, 2007], fig. 12.9
図 7.6　Courtesy L. Chiappe, Natural History Museum of Los Angeles County
図 7.7　A：after Catherine A. Forster et al., "The Theropod Ancestry of Birds: New Evidence from the Late Cretaceous of Madagascar," *Science*, March 20, 1998; © 1998 American Association for the Advancement of Science、B：from Paul C. Sereno and Rao Chenggang, "Early Evolution of Avian Flight and Perching: New Evidence from the Lower Cretaceous of China," *Science*, February 14, 1992, fig. 2; © 1992 American Association for the Advancement of Science
図 8.1　Drawing by Carl Buell; from Donald R. Prothero, *Evolution: What the Fossils Say and Why It Matters* [New York: Columbia University Press, 2007], fig. 13.4
図 8.2　Photographs courtesy R. Rothman
図 8.3　Drawing by Carl Buell; from Donald R. Prothero, *Evolution: What the Fossils Say and Why It Matter*s [New York: Columbia University Press, 2007], fig. 13.5
図 8.4　A・B：courtesy Roger L. Smith, Iziko South African Museum, Cape Town、C：courtesy Nobumichi Tamura

図版クレジット

図 1.1　Drawing by Mary P. Williams
図 1.2　Courtesy Wikimedia Commons
図 1.3　Photograph courtesy Peabody Museum of Natural History, Yale University, New Haven, Connecticut
図 1.4　Courtesy Wikimedia Commons
図 1.5　A：courtesy Wikimedia Commons、B：courtesy Nobumichi Tamura
図 1.6　A：courtesy Li Chun、B：courtesy Nobumichi Tamura
図 1.7　A：courtesy B. Rubidge, Evolutionary Studies Institute, University of the Witswatersrand, Johannesburg, South Africa、B：Redrawn out of copyright by E. Prothero, originally from Tyler R. Lyson et al., "Transitional Fossils and the Origin of Turtles," *Biology Letters* 6［2010］
図 2.1　Courtesy Wikimedia Commons
図 2.2　A：photograph by Jeff Gage/Florida Museum of Natural History、B：photograph courtesy Smithsonian Institution
図 2.3　Courtesy M. W. Caldwell
図 2.4　Courtesy M. Polcyn, Southern Methodist University
図 2.5　Courtesy M. W. Caldwell
図 3.1　From William Conybeare, "Additional Notices on the Fossil Genera Ichthyosaurus and Plesiosaurus," *Transactions of the Geological Society of London*, 2nd ser., 1［1822］
図 3.2　Courtesy Wikimedia Commons
図 3.3　From Henry De la Beche, *Duria Antiquior――A More Ancient Dorset*［London, 1830］
図 3.4　From Henry De la Beche, *Duria Antiquior――A More Ancient Dorset*［London, 1830］
図 3.5　© Ryosuke Motani
図 3.6　Photographs courtesy Lars Schmitz
図 3.7　A：photograph by the author、B：courtesy Nobumichi Tamura
図 3.8　Drawing by Mary P. Williams
図 3.9　Photograph courtesy Royal Tyrrell Museum, Drumheller, Alberta
図 4.1　Photograph courtesy Ernst Mayr Library, Museum of Comparative Zoology, Harvard University
図 4.2　Photograph courtesy Kronosaurus Korner
図 4.3　Courtesy Nobumichi Tamura
図 4.4　Drawing by Mary P. Williams
図 4.5　Courtesy Wikimedia Commons
図 4.6　From Robert L. Carroll, *Vertebrate Paleontology and Evolution*［New York: Freeman, 1988］, figs. 12-2, 12-4, 12-10, 12-12; courtesy R. L. Carroll
図 5.1　Image no. 327524, courtesy American Museum of Natural History Library
図 5.2　Photograph courtesy Wikimedia Commons
図 5.3　A：photograph courtesy Paul Sereno and Michael Hettwer、B：courtesy Nobumichi Tamura
図 5.4　Drawing by Mary P. Williams
図 5.5.　Photograph courtesy Paul Sereno and Michael Wettner
図 5.6　Photograph courtesy R. Coria
図 6.1　Courtesy Wikimedia Commons
図 6.2　Photograph courtesy M. Wedel
図 6.3　Image no. 327524, courtesy American Museum of Natural History Library
図 6.4　Photograph by the author
図 6.5　Photograph by M. Wedel

●第 8 章

Chinsamy-Turan, Anusuya, ed. *Forerunners of Mammals: Radiation, Histology, Biology*. Bloomington: Indiana University Press, 2011.

Hopson, James A. "Synapsid Evolution and the Radiation of Non-Eutherian Mammals." In *Major Features of Vertebrate Evolution*, edited by Donald R. Prothero and Robert M. Schoch, 190-219. Knoxville, Tenn.: Paleontological Society, 1994.

Hotton, Nicholas, III, Paul D. MacLean, Jan J. Roth, and E. Carol Roth, eds. *The Ecology and Biology of Mammal-like Reptiles*. Washington, D.C.: Smithsonian Institution Press, 1986.

Kemp, Thomas S. "Interrelationships of the Synapsida." In *The Phylogeny and Classification of the Tetrapods*. Vol. 2. *Mammals*, edited by Michael J. Benton, 1-22. Oxford: Clarendon Press, 1988.

——. *Mammal-Like Reptiles and the Origin of Mammals*. London: Academic Press, 1982.

——. *The Origin and Evolution of Mammals*. Oxford: Oxford University Press, 2005.

Kielan-Jaworowska, Zofia, Richard L. Cifelli, and Xhe-Xi Luo. *Mammals from the Age of Dinosaurs: Origins, Evolution, and Structure*. New York: Columbia University Press, 2004.

King, Gillian. *The Dicynodonts: A Study in Palaeobiology*. London: Chapman & Hall, 1990.

McLoughlin, John C. *Synapsida: A New Look into the Origin of Mammals*. New York: Viking, 1980.

Peters, David. *From the Beginning: The Story of Human Evolution*. New York: Morrow, 1991.

Cambridge: Cambridge University Press, 2012.
Holtz, Thomas R., Jr. *Dinosaurs: The Most Complete Up-to-Date Encyclopedia for Dinosaur Lovers of All Ages*. New York: Random House, 2007.
Klein, Nicole, Kristian Remes, Carole T. Gee, and P. Martin Sander, eds. *Biology of the Sauropod Dinosaurs: Understanding the Life of Giants*. Bloomington: Indiana University Press, 2011.
Loxton, Daniel, and Donald R. Prothero. *Abominable Science: The Origin of Yeti, Nessie, and Other Cryptids*. New York: Columbia University Press, 2013.
Paul, Gregory S. *The Princeton Field Guide to Dinosaurs*. Princeton, N.J.: Princeton University Press, 2010.
Sander, P. Martin. "An Evolutionary Cascade Model for Sauropod Dinosaur Gigantism—Overview, Update and Tests." *PLoS ONE* 8 (2013): e78573.
Sander, P. Martin, Andreas Christian, Marcus Clauss, Regina Fechner, Carole T. Gee, Eva-Marie Griebeler, Hanns-Christian Gunga, Jürgen Hummel, Heinrich Mallison, Steven F. Perry, Holger Preuschoft, Oliver W. M. Rauhut, Kristian Remes, Thomas Tütken, Oliver Wings, and Ulrich Witzel. "Biology of the Sauropod Dinosaurs: The Evolution of Gigantism." *Biological Reviews of the Cambridge Philosophical Society* 86 (2011): 117-155.
Tidwell, Virginia, and Kenneth Carpenter, eds. *Thunder-Lizards: The Sauropodomorph Dinosaurs*. Bloomington: Indiana University Press, 2005.

●第 7 章

Chiappe, Luis M. "The First 85 Million Years of Avian Evolution." *Nature*, November 23, 1995, 349-355.
Chiappe, Luis M., and Gareth J. Dyke. "The Mesozoic Radiation of Birds." *Annual Review of Ecology and Systematics* 33 (2002): 91-124.
Chiappe, Luis M., and Lawrence M. Witmer, eds. *Mesozoic Birds: Above the Heads of Dinosaurs*. Berkeley: University of California Press, 2002.
Currie, Philip J., Eva B. Koppelhus, Martin A. Shugar, and Joanna L. Wright, eds. *Feathered Dragons: Studies on the Transition from Dinosaurs to Birds*. Bloomington: Indiana University Press, 2004.
Gauthier, Jacques, and Lawrence F. Gall, eds. *New Perspectives on the Origin and Early Evolution of Birds*. New Haven, Conn.: Yale University Press, 2001.
Norell, Mark. *Unearthing the Dragon: The Great Feathered Dinosaur Discovery*. New York: Pi Press, 2005.
Ostrom, John H. "*Archaeopteryx* and the Origin of Birds." *Biological Journal of the Linnean Society* 8 (1976): 91-182.
——. "*Archaeopteryx* and the Origin of Flight." *Quarterly Review of Biology* 49 (1974): 27-47.
Padian, Kevin, and Luis M. Chiappe. "The Origin of Birds and Their Flight." *Scientific American*, February 1998, 28-37.
Prum, Richard O., and Alan H. Brush. "Which Came First, the Feather or the Bird?" *Scientific American*, March 2003, 84-93.
Shipman, Pat. *Taking Wing:* Archaeopteryx *and the Evolution of Bird Flight*. New York: Simon & Schuster, 1988.

Ellis, Richard. *Sea Dragons: Predators of Prehistoric Oceans*. Lawrence: University Press of Kansas, 2003.
Emling, Shelley. *The Fossil Hunter: Dinosaurs, Evolution, and the Woman Whose Discoveries Changed the World*. New York: Palgrave Macmillan, 2009.
Hilton, Richard P. *Dinosaurs and Other Mesozoic Animals of California*. Berkeley: University of California Press, 2003.
Howe, S. R., T. Sharpe, and H. S. Torrens. *Ichthyosaurs: A History of Fossil Sea-Dragons*. Swansea: National Museum and Galleries of Wales, 1981.
Wallace, David Rains. *Neptune's Ark: From Ichthyosaurs to Orcas*. Berkeley: University of California Press, 2008.

●第 4 章

Callaway, Jack, and Elizabeth L. Nicholls, eds. *Ancient Marine Reptiles*. San Diego: Academic Press, 1997.
Ellis, Richard. *Sea Dragons: Predators of Prehistoric Oceans*. Lawrence: University Press of Kansas, 2003.
Everhart, Michael J. *Oceans of Kansas: A Natural History of the Western Interior Sea*. Bloomington: Indiana University Press, 2005.
Hilton, Richard P. *Dinosaurs and Other Mesozoic Animals of California*. Berkeley: University of California Press, 2003.
Loxton, Daniel, and Donald R. Prothero. *Abominable Science: The Origin of Yeti, Nessie, and Other Cryptids*. New York: Columbia University Press, 2013.

●第 5 章

Brett-Surman, M. K., Thomas R. Holtz Jr., and James O. Farlow, eds. *The Complete Dinosaur.* 2nd ed. Bloomington: Indiana University Press, 2012.
Carpenter, Kenneth. *The Carnivorous Dinosaurs*. Bloomington: Indiana University Press, 2005.
Fastovsky, David E., and David B. Weishampel. *Dinosaurs: A Concise Natural History*. 2nd ed. Cambridge: Cambridge University Press, 2012.
Holtz, Thomas R., Jr. *Dinosaurs: The Most Complete Up-to-Date Encyclopedia for Dinosaur Lovers of All Ages*. New York: Random House, 2007.
Nordruft, William, with Josh Smith. *The Lost Dinosaurs of Egypt*. New York: Random House, 2007.
Parrish, J. Michael, Ralph E. Molnar, Philip J. Currie, and Eva B. Koppelhus, eds. *Tyrannosaurid Paleobiology*. Bloomington: Indiana University Press, 2013.
Paul, Gregory S. *The Princeton Field Guide to Dinosaurs*. Princeton, N.J.: Princeton University Press, 2010.

●第 6 章

Brett-Surman, M. K., Thomas R. Holtz Jr., and James O. Farlow, eds. *The Complete Dinosaur*. 2nd ed. Bloomington: Indiana University Press, 2012.
Curry Rogers, Kristina, and Jeffrey A. Wilson, eds. *The Sauropods: Evolution and Paleobiology*. Berkeley: University of California Press, 2005.
Fastovsky, David E., and David B. Weishampel. *Dinosaurs: A Concise Natural History*. 2nd ed.

もっと詳しく知るための文献ガイド

●第１章

Bonin, Franck, Bernard Devaux, and Alain Dupré. *Turtles of the World*. Translated by Peter C. H. Pritchard. Baltimore: Johns Hopkins University Press, 2006.

Brinkman, Donald B., Patricia A. Holroyd, and James D. Gardner, eds. *Morphology and Evolution of Turtles*. Berlin: Springer, 2012.

Ernst, Carl H., and Roger W. Barbour. *Turtles of the World*. Washington, D.C.: Smithsonian Institution Press, 1992.

Franklin, Carl J. *Turtles: An Extraordinary Natural History 245 Million Years in the Making*. New York: Voyageur Press, 2007.

Gaffney, Eugene S. "A Phylogeny and Classification of the Higher Categories of Turtles." *Bulletin of the American Museum of Natural History* 155 (1975): 387-436.

Laurin, Michel, and Robert R. Reisz. "A Reevaluation of Early Amniote Phylogeny." *Zoological Journal of the Linnean Society* 113 (1995): 165-223.

Li, Chun, Xiao-Chun Wu, Olivier Rieppel, Li-Ting Wang, and Li-Jun Zhao. "An Ancestral Turtle from the Late Triassic of Southwestern China." *Nature*, November 27, 2008, 497-450.

Orenstein, Ronald. *Turtles, Tortoises, and Terrapins: A Natural History*. New York: Firefly Books, 2012.

Wyneken, Jeanette, Matthew H. Godfrey, and Vincent Bels. *Biology of Turtles: From Structures to Strategies of Life*. Boca Raton, Fla.: CRC Press, 2007.

●第２章

Caldwell, Michael W., and Michael S. Y. Lee. "A Snake with Legs from the Marine Cretaceous of the Middle East." *Nature*, April 17, 1997, 705-709.

Head, Jason J., Jonathan I. Bloch, Alexander K. Hastings, Jason R. Bourque, Edwin A. Cadena, Fabiany A. Herrera, P. David Polly, and Carlos A. Jaramillo. "Giant Boid Snake from the Paleocene Neotropics Reveals Hotter Past Equatorial Temperatures." *Nature*, February 5, 2009, 715-718.

Rieppel, Olivier. "A Review of the Origin of Snakes." *Evolutionary Biology* 25 (1988): 37-130.

Rieppel, Olivier, Hussan Zaher, Eitan Tchernove, and Michael J. Polcyn. "The Anatomy and Relationships of *Haasiophis terrasanctus*, a Fossil Snake with Well-Developed Hind Limbs from the Mid-Cretaceous of the Middle East." *Journal of Paleontology* 77 (2003): 536-558

●第３章

Callaway, Jack, and Elizabeth L. Nicholls, eds. *Ancient Marine Reptiles*. San Diego: Academic Press, 1997.

Camp, Charles L. *Child of the Rocks: The Story of Berlin-Ichthyosaur State Park*. Nevada Bureau of Mines and Geology Special Publication 5. Reno: Nevada Bureau of Mines and Geology, with Nevada Natural History Association, 1981.

【ワ行】

【ヤ行】

【ラ行】

【マ行】

【ハ行】

【ナ行】

【タ行】

【サ行】

【カ行】

索引

著者紹介

ドナルド・R・プロセロ（Donald R. Prothero）

1954 年、アメリカ、カリフォルニア州生まれ。
約 40 年にわたり、カリフォルニア工科大学、コロンビア大学、オクシデンタル大学、ヴァッサー大学、ノックス大学などで古生物学と地質学を教えてきた。
カリフォルニア州立工科大学ポモナ校地質学部非常勤教授、マウントサンアントニオカレッジ天文学・地球科学部非常勤教授、ロサンゼルス自然史博物館古脊椎動物学研究部の研究員を務める。
『化石を生き返らせる——古生物学入門（*Bringing Fossils to Life: An Introduction to Paleobiology*）』や、ベストセラーとなった『進化——化石は何を語っているのか、なぜそれが重要なのか（*Evolution: What the Fossils Say and Why It Matters*）』など、35 冊以上の著書がある。
また、これまでに 300 を超える科学論文を発表してきた。
1991 年には、40 歳以下の傑出した古生物学者に与えられるチャールズ・シュチャート賞を受賞。
2013 年には、地球科学に関する優れた著者や編集者に対して全米地球科学教師協会から与えられるジェームス・シー賞を受賞。

訳者紹介

江口あとか（えぐち・あとか）

翻訳家。

カリフォルニア大学ロサンゼルス校地球宇宙科学部地質学科卒業。

訳書に、リチャード・ノートン著『隕石コレクター——鉱物学、岩石学、天文学が解き明かす「宇宙からの石」』（築地書館、2007 年）、ヤン・ザラシーヴィッチ著『小石、地球の来歴を語る』（みすず書房、2012 年）、デイビッド・ホワイトハウス著『地底——地球深部探求の歴史』（築地書館、2016 年）がある。

化石が語る生命の歴史
8つの化石・進化の謎を解く［中生代］

2018年5月25日　初版発行

著者　ドナルド・R・プロセロ
訳者　江口あとか
発行者　土井二郎
発行所　築地書館株式会社
〒104-0045 東京都中央区築地7-4-4-201
TEL.03-3542-3731　FAX.03-3541-5799
http://www.tsukiji-shokan.co.jp/
振替 00110-5-19057
印刷・製本　シナノ印刷株式会社
装丁　秋山香代子

　ISBN978-4-8067-1557-3

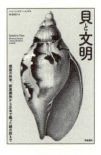

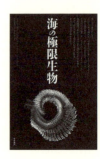

● 築地書館の本 ●

産地別日本の化石 750 選

本でみる化石博物館・別館

大八木和久［著］
3800 円+税

日本全国 106 産地で採集した化石から、産地・時代ごとに 785 点を厳選し、化石の特徴や産出状況などを紹介。
化石愛好家の見たい・知りたいがよくわかる充実のカラー化石図鑑。採集やクリーニングのコツから整理の方法まで、採ったあとの楽しみ方も充実。

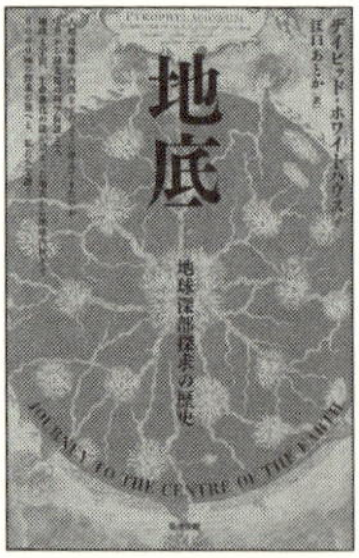

地底

地球深部探求の歴史

デイビッド・ホワイトハウス［著］
江口あとか［訳］
2700 円 + 税

人類は地球の内部をどのようにとらえてきたのか――
中世から最先端の科学仮説まで、地球と宇宙、生命進化の謎がつまった地表から地球内核まで 6000kmの探求の旅へと、私たちを誘う。

価格（税別）・刷数は 2018 年 4 月現在のものです。